海岛地区水资源优化配置关键技术

许月萍　郭玉雪　著

ZHEJIANG UNIVERSITY PRESS
浙江大学出版社
·杭州·

图书在版编目（CIP）数据

海岛地区水资源优化配置关键技术 / 许月萍，郭玉雪著 . -- 杭州 ：浙江大学出版社，2024. 12. -- ISBN 978-7-308-25485-4

Ⅰ . TV213.4

中国国家版本馆 CIP 数据 核字第 2024H7X485 号

海岛地区水资源优化配置关键技术

许月萍　郭玉雪 著

责任编辑　伍秀芳　蔡晓欢

责任校对　林汉枫

封面设计　十木米

出版发行　浙江大学出版社

（杭州市天目山路 148 号　邮政编码 310007）

（网址：http://www.zjupress.com）

排　　版　杭州晨特广告有限公司

印　　刷　广东虎彩云印刷有限公司绍兴分公司

开　　本　787mm × 1092mm　1/16

印　　张　14.25

字　　数　233 千

版 印 次　2024 年 12 月第 1 版　2024 年 12 月第 1 次印刷

书　　号　ISBN 978-7-308-25485-4

定　　价　88.00

前　言

海岛地区具有独特的河流水系特征，一般无大型过境河流，淡水资源量非常有限，且因无地形条件建设大中型水利工程，径流年际分配能力不足而严重缺水。随着国家“蓝色经济”和海防建设的发展，淡水资源匮乏已成为严重制约我国海岛开发建设和可持续发展的瓶颈。随着物联网、大数据、人工智能、云计算等数字技术的广泛应用，水资源优化配置逐渐朝着精准化和数字化的需求方向发展。因此，研究如何有效解决海岛水资源短缺问题并确保海岛供水安全迫在眉睫。

本研究首次全面探讨海岛地区水资源优化配置的关键技术和应用，以浙江舟山海岛地区为研究对象，针对海岛地区大陆引水和海岛水资源耦合配置问题，基于机器学习和大数据等技术研发水资源预报预测新方法，结合人工智能等新技术提出水资源高效调控新方法，构建基于互联网＋的共享共治水资源智能调度平台，提升水资源管理的精细化、数字化和智慧化水平。作者在长期从事水利工作经验积累的基础上，经过整理总结，完成了此专著的撰写工作。

本书共分为 11 章。第 1 章在介绍水资源优化配置的内涵与发展现状的基础上，提出了本书的研究内容和技术路线；第 2 章介绍了海岛地区水资源优化配置理论和技术，构建了考虑大陆引水的海岛地区水资源优化配置模型，提出了模型高效求解方法；第 3 章重点介绍了本书的研究对象，阐述了舟山海岛地区的水资源开发利用现状和存在的问题；第 4 章和第 5 章主要介绍基于机器学习的舟山海岛地区水资源预测，探讨了机器学习在水资源预报预测中的适用性；第 6 章和第 7 章针对确定性入库径流资料，分别开展了舟山海岛地区的水资源规则调度和多目标优化调度模型的建立和求解；第 8 章探讨了基于不确定性径流预报的水库群多目标鲁棒优化调度，耦合预报信息以支持制定满意的引水与供水决策，定量揭示了预报预见期和调度决策期对调度决策的影响机制，有利于提高水库群引水及供水效益；第 9 章针对海岛地区和大陆引水区的丰枯遭遇情况，研究了大陆和海岛不同来水条件组合下的水资源优化配置方案；第 10 章简要介绍了舟山海岛地区的水资源智慧调度决策系统，为舟山海岛地区水资源优化配置起到良好的决策支持作用；第 11 章总结了本书取得的主要研究结论和成果。

在本书的编写过程中，浙江大学建筑工程学院于欣廷、陆豪楠等同学积极收集、查阅资料和编写建模程序，对此作者表示由衷的感谢。同时，十分感谢浙江中控信息提供第 10 章海岛地区水资源智慧调度决策系统的相关信息。

本书中的结论与结果主要针对舟山海岛地区总结而来，仅供参考。作者希望这些研究成果能为其他海岛地区水资源配置问题提供一定的应用参考和推广价值。书中难免存在纰漏和不足之处，恳请读者批评指正。同时，期待相关领域的科技人员加入海岛水资源配置研究的行列中，共同商榷，充实理论，完善方法，推广运用。

目 录

第 1 章 绪 论

1.1 问题的提出及研究意义

水资源是人类赖以生存的重要自然资源之一，也是人类社会发展重要的基本元素之一，与人类在多个方面存在紧密的联系。在气候变化和人类活动双重背景的影响下，随着社会和经济的快速发展，水资源供给与需求之间的矛盾越发突出。我国幅员辽阔，水资源总量整体丰富，但我国人口众多，人均水资源量较少，世界排名在百名之后。此外，我国水资源的空间分布不均匀，整体上呈现南多北少[1]，其中有 80% 的水资源分布在长江流域及其南部地区，而该地区的耕地面积只占全国总耕地面积的 36%。同时，我国水资源的时间分布也不均匀，降水量和径流量的年际变化和年内变化剧烈，少水年和多水年连续出现，大部分地区冬春少雨，夏秋多雨，东南沿海的雨季持续时间较长，汛期多暴雨，导致我国水旱灾害频发。因此，基于当前的科学技术手段，将我国有限的水资源进行优化配置以实现高效利用，具有非常重要的意义[2]。

海岛是海洋重要的组成部分，具有巨大的经济、军事、科研和生态价值。近年来，沿海陆域产业向海岛延伸，海陆经济一体化加强，海岛作为海洋发展的前沿基地，在国家经济建设和维护国家国防安全等方面发挥越来越重要的作用。受到水资源地域限制和水资源时空分布不均的影响，我国多数海岛地区存在水资源匮乏的问题。随着我国海洋政策的调整，海岛建设进入快速发展阶段，海岛人口增加、海岛水资源需求增加，海岛水资源短缺的现状日益凸显，解决海岛水资源短缺问题已经迫在眉睫[3, 4]。海岛水资源的合理配置与高效利用是促进经济社会绿色发展和“双碳”目标实现的重要组成部分，然而，在互联网＋背景下传统的水资源调控方式已不足以应对水资源合理配置与高效利用的需求。

现阶段海岛地区水库多依据管理者的经验运行调度，欠缺调度规则。研究如何实现常规水库调度规则函数化模拟，保障水库可供水量的准确及时预报，有利于水库制订科学合理的调度方案。受海岛地区水资源特性的影响，海岛水源通常无法满足自身需求，需从大陆引水，以保证海岛的需水得以满足。然而，从大陆引水并不是无限制的，当大陆水资源也处于较为紧缺的状态时，则无法向海岛供水[5]。因此，当海岛地区和大陆同时处于枯水状态时，如何通过水资源的优化配置，在调度期间内实现对水资源的高效利用，尽可能满足海岛的需水，是非常重要且亟待解决的问题[6]。同时，在跨流域供水调度中，耦合径流预报信息以支持制定满意的引水与供水决策，有利于提高水库群引水及供水效益[7]。受气候变化和人类活动等因素的影响，径流变化具有较强的随机性和不确定性，为径流预报带来较大的困难。综上所述，提高径流预报精度一直是水文水资源领域的研究重点和难点。

随着物联网等信息技术的快速发展，流域水文气象资料的观测水平取得了长足的进步，而流域产汇流理论却一直未能取得重大突破，基于机器学习的水文智能预报逐渐受到了广泛关注，如何基于机器学习的方法提高短中期径流预报的精度和稳定性已成为径流预报研究的焦点。然而，径流预报的不确定性不可避免。目前，关于如何应对多源预报不确定性和提高海岛水库群调度决策系统的鲁棒性的研究成果尚不多见。同时，预报的不确定性和水文模型的不确定性随着预见期的延长而逐渐增加，径流预报信息的可利用长度和调度决策期成为调度人员最关心的问题。综合考虑径流预报的不确定性，科学合理地选择预报预见期及调度决策期，有利于提高水库群的调度性能。然而，目前，针对预报预见期及调度决策期方面的研究多停留在定性分析阶段，需开展进一步定量研究。

为充分发挥本地水资源与外流域引水资源的最大利用效率，本书首次提出海岛地区水资源优化配置的理论和关键技术，研究基于机器学习和智能优化算法耦合的水资源预测方法，提出针对预报不确定性的复杂水库群联合调度决策生成方法，探究丰枯遭遇对海岛地区水资源优化配置的影响。舟山港口资源丰富，但水系不发达，无大型过境淡水资源，同时受地质、地形等自然条件限制，流域集水面积较小，以小水库群为主的水利工程蓄洪能力较差，径流年际分配能力严重不足，是一个典型的资源型和工程型缺水的海岛城市[8]。以上所述问题严重影响了舟山当地生活水平的提高和经济社会的发展，以及东南沿海的国防建设。因此，解决舟山海岛水资源短缺问题和确保海岛供水安全迫在眉睫[3]。本书以舟山海岛跨流域引水供水水库群作为研究对象，验证分析研究方法的有效性，研究成果对完善海岛水库群引水和供水调度理论、提高海岛地区跨流域引水工程调度水平均有很高的参考价值。

1.2 水资源优化配置概念与内涵

根据世界气象组织（WMO）和联合国教科文组织（UNESCO）有关水资源的定义，水资源是指可资利用或具有潜在利用可能的水源，这个水源应该具有足够的数量和合适的质量，满足某一地区在一段时间内的具体利用需求。根据全国科学技术名词审定委员会公布的水利科技名词中有关水资源的定义，水资源是指地球上具有一定数量和可用质量，能从自然界获得补充并可资利用的水。水资源优化配置的基本概念是在特定区域范围或流域中，依据水资源配置的公平性、有效性和可持续性原则，考虑各用水单位的各项需求（生产需求、生活需求、生态需求等），按照市场经济运行规律并结合国家宏观调控政策，充分利用各项水利工程与非工程措施，将区域内多种可用的水源在各需水户间进行合理调配。水资源优化配置一方面可以提高用水单位各部门间或者行业内部的用水效率；另一方面可以降低各用水单位之间的无效水资源竞争，提高水资源的配置效率。

随着相关研究的不断深入，人们逐渐意识到水资源优化配置是一个与水资源相关行业共同形成的复杂问题，构成了“社会—经济—生态”复杂系统，且系统要素之间互相制约、互相影响。水资源优化配置的内涵涉及对各方需求的综合考虑、水资源的管理与保护、节约水资源并提高其利用效率，以及跨界合作与协调等方面。在进行水资源优化配置时，需要综合考虑不同领域的需求，包括城市的居民用水、工业用水和公共服务用水需求，农业的灌溉水资源需求，以及生态环境维持水生态系统健康的需求。水资源优化配置通过科学规划和决策，将水资源合理分配给各个领域，满足各方需求，促进社会经济的可持续发展。同时，水资源优化配置还需要注重水资源的管理和保护，其中包括建立健全水资源的管理制度和政策，加强水资源的监测和评估，推动水资源的节约和高效利用，控制污染物的排放，保护水生态环境，确保水资源的可持续利用。此外，水资源优化配置还需要跨界合作与协调。水资源往往涉及不同地区和利益相关者之间的跨界问题，因此，加强沟通和合作、协调各方的利益关系、建立跨区域水资源合作机制、推动水资源的公平合理分配、实现水资源的跨界调度和共享、促进区域间的水资源合作，都是实现水资源优化配置的重要方面。水资源优化配置通过综合考虑各方需求、管理和保护水资源、节约与提高利用效率，以及跨界合作与协调，可以实现水资源的可持续利用和保护，促进社会、经济和环境的可持续发展。

1.3 国内外研究进展

1.3.1 水资源优化配置研究进展

水资源的优化配置与人类生存、人类社会可持续发展密不可分。随着经济社会与科学技术的不断发展，水利工程基础设施建设日渐完善，相关设施运用方法日渐创新，管理手段日益成熟，研究者对水资源利用的认知水平不断提升，水资源优化配置的相关研究也愈发多样与深入。早在20世纪中期，水资源优化配置问题就开始得以被研究，Masse[9]首次提出了水库优化调度问题并基于此类问题展开了研究。1960年，Hall和Buras[10]首次提出了基于动态规划方法的水资源联合应用模型。20世纪70年代至今，计算机技术、仿真模拟技术和系统分析理论等得到空前发展，并被广泛应用于水资源领域[11-13]。

从本质上来说，水资源优化配置是一个高度复杂的风险决策问题[14]。近些年，学者们主要从构建模型、优化智能算法、在不确定性中确定科学决策方法等方面对水资源配置问题进行了分析和研究。学者们在模型优化过程中通常结合经济因素或生态因素，以更加科学地进行水资源配置。其中：Zhang等[15]利用可视化、交互式的多目标分析方法，基于引水边际效益最大、供水保证率最高、缺水量最小等目标，确定了相应的跨流域引水工程规模；Dai 等 [16] 提出了基于基尼系数的随机优化模型，将水文模型、水资源模型、基尼系数和机会约束规划集成到支持流域水资源分配的多目标优化建模框架中，以缓和各目标之间的矛盾；Martinsen 等 [17] 提出了一种用于联合优化水量分配和水质管理的水力经济模型，平衡了海河流域地下水质水量和流域供水成本的经济效益。针对水资源时空分布不均衡的问题，学者们基于跨流域调水提出了相应的适用模型：Yu 和 Lu[18] 结合投影寻踪模型和灰狼优化方法，提出了跨流域水资源优化配置模型，并在中国松花江流域验证了该模型的可行性和合理性；郭玉雪等 [19] 考虑南水北调东线工程供水目标，构建了江苏段水资源优化调度模型，有效地缓解了供水与抽水的矛盾。为处理复杂水资源系统问题，Khosrojerdi 等 [20] 提出了具有两类隶属度函数的两阶段区间参数随机模糊规划，在考虑不确定性的情况下将水资源以最优形式分配给不同的用水户；Harken 等 [21] 利用统计假设检验和综合方法来规划水资源网络特征，提出了一种框架工作模型以在水资源优化配置中进行建模预测和决策；骆光磊等 [22] 提出了一种水库群运行自适应矩估计改进深度神经网络模拟方法；谭倩等 [23] 基于鲁棒优化方法建立了水资源多目标优化配置模型；王浩等 [24] 提出了在跨流域大系统中涉及的水库群系统内部通常具有关联性和补偿性，使得调度管理能够从流域整体出发，充分开发利用水资源，提高水资源的利用率。综上所述，目前国内外对水资源优化配置有较多研究，并在众多地区构建了适用模型且获得较好的应用效果。然而，目前海岛地区水资源配置的相关研究甚少，且相关研究未能考虑到海岛地区的特点和需结合大陆引水工程以满足自身需水的前提；对配置中的用水户，大部分研究侧重平衡其间的矛盾 [25]，但实际上用水户之间可能存在水力联系，这种联系可补偿因供水路径限制而导致供水保证率计算偏低的问题；针对经济效益优化方面，大多数研究仅将经济效益作为目标函数之一，通常侧重经济用水带来的效益，比如发电效益 [26, 27]，却忽略了供水过程中产生的成本支出。

1.3.2 基于机器学习的水资源量预报研究

随着水文预测预报精度的提高，国内外研究学者们开展了大量研究，主要集中于两个方面：预报因子识别和水文模型构建 [28]。在预报因子识别方面，预报因子从单纯的前期降水和径流，发展到包括海面温度和大气环流因子等多种类型[29]。在水文模型方面，至今为止不存在能够对所有情况下的径流进行精确模拟的通用模型。因此，综合分析水文地理特征，选择合适的水文模型对提高研究区水文预报精度意义重大。目前，水文模型主要分为过程驱动模型和数据驱动模型两类[30]。过程驱动模型通过模拟流域的产汇流物理过程实现径流预报，需要综合考虑水文气象预报信息、地形高程、土地利用、土壤和植被等数据信息和复杂的物理机理；而数据驱动模型不需要考虑水文物理机制，主要通过建立输入和输出的数学关系实现径流预报，因此逐渐受到了研究者们的广泛关注。

在数据驱动模型中，人工神经网络（artificial neural networks，ANN）[31]以其良好的非线性映射能力被广泛应用于径流预报并具有较高的预报精度，如误差反向传播（back propagation，BP）算法[32-34]和最小二乘支持向量机模型（least squares support vector machine，LSSVM）[35-37]。但BP神经网络存在网络结构难以确定、训练速度慢和预测精度低等方面的问题，而LSSVM依赖于核函数的选取、训练阶段易过拟合。递归神经网络（recurrent neural networks，RNN）作为人工神经网络的一种，由于其结构特别适用于时间序列数据的关系模拟[38]而逐渐被应用到径流预报研究中。然而，简单的递归神经网络（simple recurrent neural networks，SRNN）在学习较长时间序列时存在梯度消失问题，难以传递相隔较远的信息。为此，不同研究学者提出了改进的RNN模型，如长短时记忆（long short term memory，LSTM）模型[39]和门控循环单元（gated recurrent unit，GRU）模型[40]。在水文预报领域，基于LSTM模型和GRU模型的研究尚处于起步阶段。Kratzert等[41]将LSTM模型应用于受融雪影响的241个流域，说明其在日尺度上的降雨径流预报优于传统水文模型；顾逸[42]对比研究了LSTM模型、GRU模型与传统的BP神经网络、支持向量机（support vector machine，SVM）对中长期径流的预报结果，发现改进的RNN模型均优于另两个对比模型；殷兆凯等[43]基于LSTM模型实现了对不同预见期（0~3d）的径流预报，说明LSTM模型预报效果优于新安江水文模型；Zuo等[44]建立了基于LSTM模型的中长期径流预报模型，并探讨分析了隐含层不同神经元数对预报精度的影响；Gao等[45]采用GRU模型和LSTM模型对不同预见期的时间径流序列进行了预报，预报结果说明这两种模型的预报效果优于ANN模型；徐源浩等[46]基于LSTM模型进行了不同预见期内的洪水预报，结果表明预见期为0~6h时，预报精度较高，而预见期为6h以上时，预报效果相对较差。综上所述，相对于LSTM模型，GRU模型在水文预报方面的研究较少。

1.3.3 考虑径流预报的水资源优化配置研究

现阶段，在跨流域引水及供水调度中，耦合径流预报信息以支持制定满意的引水与供水决策，有利于提高水库群引、供水效益。如何提高径流预报的精度和稳定性已成为径流预报研究的焦点。相较于提高径流预报精度[47-50]，径流预报如何影响水资源配置决策更多地引起了专家学者们的关注[51-55]。一般而言，径流预报精度越高越有利于提高水库群调度效益。然而，水库规模、水资源配置决策目标均能够直接影响水资源配置效益[56]，甚至有些研究指出，径流预报精度的提升并没有提高水资源配置效益[57, 58]。因此，有必要研究在何种条件下提高径流预报精度能够实现水资源配置效益的提高。同时，径流预报的不确定性随预见期的延长而逐渐增加[59-61]，径流预报信息的可利用长度成为水资源管理人员最为关心的问题[62]。

由于不同预报模型的优势体现在不同方面，单一模型的预报效果有限，因此采用多模型集合预报是提高预报精度的手段之一[63]。然而，基于确定性径流预报的水资源优化配置未考虑径流预报及其不确定性，导致优化计算结果与水库实际运行情况可能存在较大差异；而有研究指出，基于不确定性径流预报的水资源优化配置能够提高水资源系统效益[64, 65]。贝叶斯模型平均方法（Bayesian model averaging，BMA）不仅能够评估模型的精度，提高模型预报的不确定性，而且可以被用来描绘预报模型的不确定性区间[66]。而以随机动态规划为主流的不确定性求解方法在应对“多水源、多目标、多水库”的问题时“维数灾”[①]现象客观存在，因此，有必要提出一种高效获取并考虑预报不确定性的水资源优化配置决策方法。

近年来，随着计算机性能的不断优化，计算机数据处理能力越来越强大，智能仿生优化算法因其在数值计算能力上的优势而受到众多学者的关

① 维数灾：通常指在涉及向量的计算的问题中，随着维数的增加，计算量呈指数增长的一种现象。

注。与传统的优化方法相比较，智能优化算法的适用性更强，可直接求解多维、非连续、非线性等复杂问题，且算法运行高效、计算结果准确度高。其中，遗传算法（genetic algorithm，GA）、粒子群算法（particle swarm optimization，PSO）、蛙跳算法（shuffled frog leading algorithm，SFLA）及标准算法的改进算法等被广泛应用于水资源优化配置中[67-70]。现实中的水资源优化配置本质上是一个多目标问题。传统方法一般将多目标优化转化为单目标优化问题进行求解。然而，传统方法只能给出一种最优解，无法满足不同决策者对调度方案全面性的要求。为解决这个问题，众多学者开始将诸如非支配排序遗传算法（non-dominated sorting genetic algorithm Ⅱ，NSGA-Ⅱ）、强度帕累托进化算法（strength Pareto evolutionary algorithm，SPEA-Ⅱ）、多目标粒子群算法（multi-objective particle swarm optimization，MOPSO）的多目标智能算法成功应用到不确定性多目标优化决策中[71-73]。鲁棒优化是一种实现在未来不确定参量/情景变化下寻找最优决策的方法，作为解决不确定性问题的有效手段，其已经在电力系统经济调度[74]、金融决策[75]、供应链管理[76]等领域得到了广泛应用。本书针对径流预报不确定性，尝试将鲁棒理论与水资源优化配置相结合，基于鲁棒优化进行调度规则筛选，旨在提出在不确定性变化下同时维持和保证水资源调度系统性能“稳定性”和“最优化”的配置决策方案。

1.4 研究内容与技术路线

1.4.1 主要研究内容

本书首次提出了海岛地区水资源优化配置的内涵和关键技术，在收集整理舟山海岛地区的水资源概况和特征数据信息，以及明确舟山海岛水资源配置存在的问题的基础上，以舟山海岛地区为对象，深入开展了海岛地区水资源优化配置研究。主要研究内容包括以下部分。

第 1 章 绪论

本章提出本书的研究问题及意义，阐述水资源优化配置的概念与内涵，分别从水资源优化配置的研究进展、基于机器学习的水资源量预报研究，以及考虑径流预报的水库群联合优化调度研究三个方面进行国内外研究进展介绍。在此基础上，提出本书的研究内容和技术路线。

第 2 章 海岛地区水资源优化配置理论与技术

本章提出海岛地区水资源优化配置理论和技术，介绍海岛水资源配置的基本概念和总体原则，分别从水源、用水对象、目标函数和约束条件等方面建立考虑大陆引水的海岛地区水资源优化配置模型；介绍模型高效求解方法的原理和步骤；进一步探讨多属性决策矩阵和属性规范化基本理论。

第 3 章 舟山海岛地区水资源开发利用概况

以舟山海岛作为研究对象，介绍海岛地区的水资源开发利用概况。在充分进行现场调研的基础上，本章从自然地理、社会经济和水利工程三个方面介绍舟山海岛地区区域概况，阐述舟山海岛地区的水资源开发利用现状，分析大陆引水工程特性，总结舟山海岛地区水资源配置存在的问题。

第 4 章 基于多种递归神经网络的海岛地区水库群径流预报

考虑以往研究多聚焦单一的预报模型而忽略不同模型的适用性，本章对水库群多组入库径流时间序列，分别以不同 RNN 模型作为径流预报模型，对不同预报因子组合和预见期建立径流预报模型，深入评估不同的 RNN 模型在不同预报因子、不同预见期、不同集水面积、不同参数的径流预报效果，探讨不同 RNN 模型在海岛地区水文预报当中的适用性。

第 5 章 基于参数优化的海岛地区水库群可供水量自适应多步预测

单一机器学习方法通常难以全面刻画水库可供水量序列的固有内在特性和气候气象因子与人类活动造成的外部干扰。本章以 LSSVM 作为基准预报模型，筛选预报因子，同时耦合自适应和递归机制，提出一种可供水量自适应多步预测模型；设计一种量子灰狼（quantum grey wolf optimization，QGWO）算法，基于 QGWO 算法进行可供水量自适应预测模型参数优选，并与传统单目标智能优化算法进行对比，验证 QGWO 算法的有效性；进一步分别与非自适应和非递归多步预测模型进行对比，说明 QGWO 算法对整体数据序列和局部高低水量预报预测的有效性。

第 6 章 基于人工经验的水库群调度规则建立和模拟

基于人工经验的水库群调度规则的建立和模拟对水资源配置是一种十分重要的方法。本章通过借鉴水库专业人员的经验和知识，结合实际的调度情况和历史数据建立一套科学合理的调度规则；在水资源系统概化的基础上，开展基于人工经验的水库群调度规则建立和模拟，分析不同情景下的调度决策方案，指导水库群的日常运行和水资源调配。

第 7 章 基于“分区—分级”的海岛地区复杂水工程群多目标优化配置

为解决海岛城市水工程复杂、供水效率低下的问题，本章提出适用于海岛地区的水资源优化配置方法。基于“分区—分级”的优化配置理念，明确各区域内和区域间的水力联系；为尽可能提高水库供水的效率，提出水厂余蓄量的概念，并最终构建适用于海岛地区的复杂水工程群多目标优化配置模型；采用多目标优化方法进行模型求解，结合多属性决策方法进行配置方案筛选，分析对比优化与常规配置结果，进一步提出不同水平年下水资源多目标优化配置方案。

第 8 章 考虑径流预报不确定性的海岛地区水库群联合优化调度

在跨流域引水及供水调度中，耦合水文预报信息以支持制定满意的引水与供水决策，有利于提高水库群引水及供水效益。本章针对基于多种机器学习模型导致的水库群径流预报不确定性，从基于多模型多因子的不确定性预报、提出考虑预报不确定性的复杂水库群调度决策生成方法、定量揭示预报精度和预见期对调度决策的影响机制三个方面开展供水水库群的实时优化调度研究。

第 9 章 考虑大陆和海岛不同来水条件组合的水资源优化配置

当大陆和海岛同时处于枯水状态时，研究如何通过优化大陆和海岛的供水结构，提高水资源高效利用率。本章首先确定大陆地区和海岛地区各自径流量的边缘分布函数，基于 Copula 函数建立联合分布进行丰枯遭遇分析，分别模拟大陆地区和海岛地区不同来水条件组合；其次，以“特枯—特枯”遭遇情景和“枯—枯”遭遇情景作为典型案例进行分析，即在不同的来水条件下，利用多水源、多用水户、多目标的水资源优化配置模型进行计算求解，对比分析不同来水条件组合下的供水方案。

第 10 章 海岛地区水资源智慧调度决策系统

互联网 + 背景下的水资源管理对海岛地区水资源优化配置提出了更高的数字化和智能化要求。本章提出基于数据驱动模型的多时空尺度水文预报和需水量预测方法，提高海岛少资料地区的预报预测精度，支持水资源联合调度决策；依托大数据、互联网、人工智能等新时代技术手段，设计研发耦合水雨情监测预测、水资源联合优化调度等一体化的智慧管理平台，分析水资源决策系统对舟山海岛地区在社会、经济和生态方面的效益。

第 11 章 结论与展望

本章总结前述章节的研究成果和结论。

1.4.2 技术路线

本书围绕海岛地区水资源优化配置面临的关键科学问题和技术难题，以舟山海岛地区为研究对象，在分析舟山海岛地区水资源开发利用现状和存在问题的基础上，提出了基于机器学习和智能优化算法耦合的水资源量预测方法，开展了舟山规则调度和多目标优化调度模型的构建和求解分析，针对径流预报的不确定性特征，提出了考虑预报不确定性的复杂水库群联合调度决策生成方法；进一步研究大陆和海岛不同来水条件组合下的水资源优化配置，建立舟山海岛地区的水资源智慧调度决策系统。本书的技术路线如图 1-1 所示。

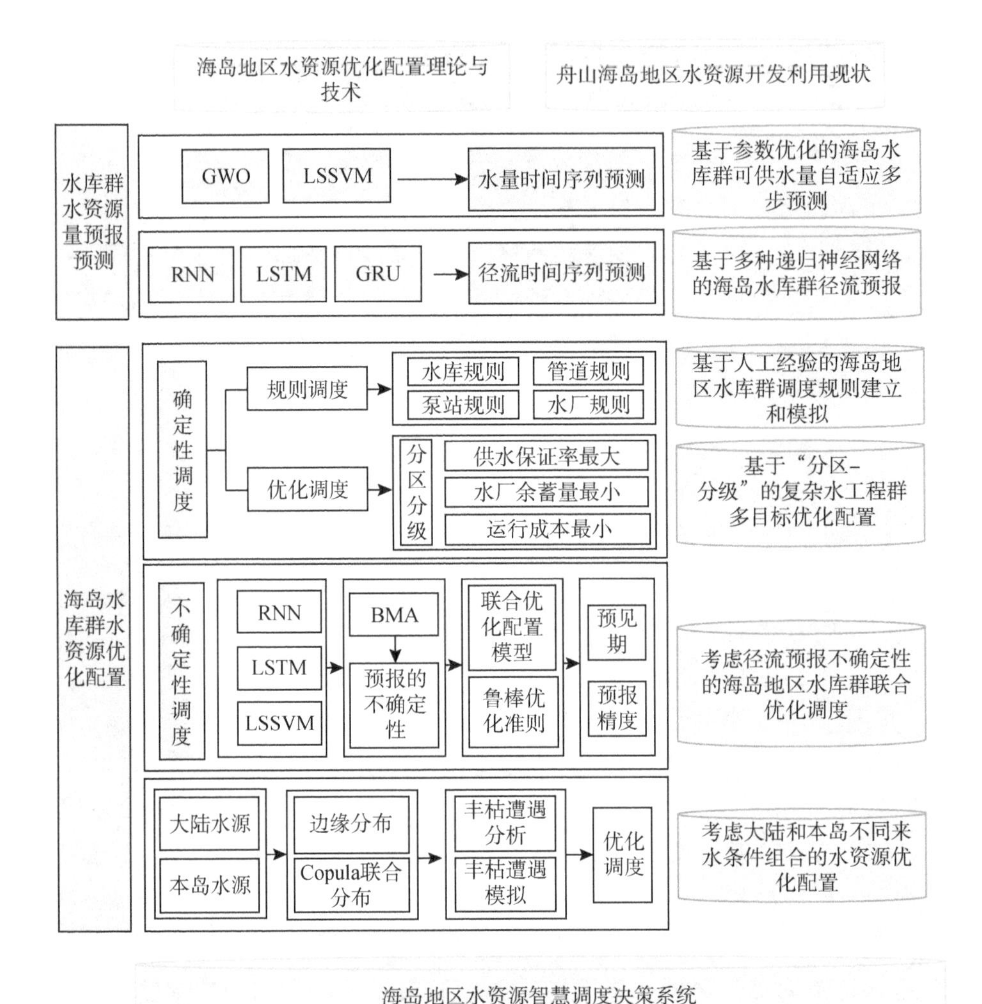
海岛地区水资源优化配置理论与技术
舟山海岛地区水资源开发利用现状
水库群水资源量预报预测
GWO
LSSVM
水量时间序列预测
基于参数优化的海岛水库群可供水量自适应多步预测
RNN
LSTM
GRU
径流时间序列预测
基于多种递归神经网络的海岛水库群径流预报
海岛水库群水资源优化配置
确定性调度
规则调度
水库规则
管道规则
泵站规则
水厂规则
基于人工经验的海岛地区水库群调度规则建立和模拟
优化调度
分区分级
供水保证率最大
水厂余蓄量最小
运行成本最小
基于“分区-分级”的复杂水工程群多目标优化配置
不确定性调度
RNN
LSTM
LSSVM
BMA
预报的不确定性
联合优化配置模型
鲁棒优化准则
预见期
预报精度
考虑径流预报不确定性的海岛地区水库群联合优化调度
大陆水源
本岛水源
边缘分布
Copula联合分布
丰枯遭遇分析
丰枯遭遇模拟
优化调度
考虑大陆和本岛不同来水条件组合的水资源优化配置
海岛地区水资源智慧调度决策系统

图 1-1　技术路线

第 2 章
海岛地区水资源优化配置理论与技术

2.1 海岛地区水资源优化配置理论

2.1.1 海岛水资源配置基本概念

水资源具有生态价值和经济价值，是人类赖以生存的重要自然资源。随着全球气候变化、人口增长和城市化进程快速推进，水资源已经难以满足各用水单位的需求，因此水资源矛盾问题显著，成为一个越来越严重的全球性问题。目前，很多国家和地区已经出现了不同程度的水资源短缺问题。我国是水资源较为贫乏的国家之一，人均水资源拥有量不足世界平均水平的 1/4，其中，华北、西北地区的缺水问题尤为严重，人均水资源拥有量水平不及全国平均水平的 1/3。缺水可能导致该地区出现粮食减产、工业发展停滞、人居环境恶化等一系列问题。为了缓解水资源空间分布不均所导致的缺水问题，我国已建设了以南水北调工程为代表的一系列调水工程，为缺水地区打造了多水源供水格局，有效缓解了受水区域水资源短缺的现实问题。但受水区域应该怎样合理充分利用水资源，如何发挥水资源的最大经济效益、社会效益与环境效益，仍是新格局下亟须解决的问题。

水资源配置是指在一个特定流域或区域内，以有效、公平和可持续为原则，对有限的、不同形式的水资源，通过工程与非工程措施在各用水户之间进行科学分配。海岛水资源配置是针对海岛地区特殊的水资源结构与产业结构提出的，属于水资源优化配置的范畴。与同纬度大陆地区相比，海岛存在降水量少、蒸发量大且地形地貌特殊等特征，导致可利用的地表水资源量较少，再加上地下水赋存条件差等问题，致使海岛地区淡水资源极度缺乏。跨流域引水是解决海岛地区缺水问题的有效途径之一。综合考虑引水成本和供水效益，海岛地区水资源配置应在充分挖掘本地水资源潜力的基础上，合理制定引水决策。当前海岛水资源优化配置的工作内容主要分为以下四个方面：①分析现有的海岛水资源需求量和海岛水资源利用效率的状况，优化水资源开发结构，深化效率对策研究，开展技术研究，针对生活用水、生产用水和生态用水的需求量进行科学预估；②分析水资源供需平衡，充分调研海岛地区水资源开发建设发展过程和使用模式，以及海岛经济发展模式、生活生产特征，进行供求总量分析；③开展海岛开发利用与跨流域调水配置的综合成本核算，针对跨流域调水后海岛地区实际形成的产业效益、人居效益与生态效益进行综合的分析研究；④深化水资源合理配置与优化配置的关键技术研究与信息系统平台搭建工作。

2.1.2 海岛地区水资源优化配置总体原则

海岛水资源优化配置作为一个实用性较强的专业领域，需要在实施过程中遵守以下三个基本原则。

（1）有效性原则

为了使水资源利用达到物尽其用的目的，海岛水资源优化配置应考虑水资源利用效益，其中经济效益作为经济部门核算成本的重要指标，而对社会生态环境的保护作用（或效益）作为整个社会健康发展的重要指标。因此，水资源利用的有效性不是仅追求经济意义上的有效，而是应同时追求环境负面影响最小、社会效益最高，保证社会经济环境可持续发展的综合有效。为了满足有效性原则，水资源优化配置需要设立相应的经济目标、环境目标和社会发展目标等，通过考察各目标间的竞争与互补关系，实现社会、经济和环境的统筹协调、综合发展。

（2）公平性原则

水资源优化配置的公平性是指在水资源配置时考虑不同区域间、不同产业间、不同社会群体间，以及不同代际间的各方利益与需求，进行资源的公平分配。例如：要求不同区域（上下游、左右岸、大陆岛屿）之间协调发展，合理兼顾农业用水、工业用水与生活用水的需求，共同考量当前经济社会发展需求和未来经济社会发展需求等。公平性原则不仅涉及水资源的产权问题，而且涉及弱势群体水资源权益保护问题。其实质是由流域级或特定区域级的水资源主管部门负责，对水资源的初级使用权进行逐级划分，以确保在各用水户之间实现公平分配。这种管理制度将水资源初始使用权转化为可具体消费的权利，随后通过市场调节机制和调控补偿机制，实现水资源利益在区域内各用水户之间的再分配公平。

（3）可持续性原则

可持续性原则的基本思路是在自然资源的开发过程中，维持资源开发导致的对环境的副作用与期望取得的社会效益之间的平衡关系。在海岛水资源优化配置中，为保持这种平衡关系，就应遵守供饮用的水源和土地生产力得到保护的原则，保持生物多样性不受干扰或生态系统平衡发展的原则，以及对可更新的淡水资源不可过量开发使用和污染的原则。水资源的开发利用活动绝不能以损害地球上的生命支持系统和生态系统为代价。可持续性原则还强调一定时期内全社会消耗的资源总量与后代能获得的资源总量相比的合理性，反映水资源利用在度过其开发利用阶段、保护管理阶段和管理阶段后，步入的可持续利用阶段中最基本的原则。在水资源利用上近期与远期之间、当代与后代之间应遵循协调发展和公平利用的原则，而非采取掠夺性开采、利用甚至破坏的做法。换言之，当前水资源的利用不应损害后代人正常利用水资源的权利。

2.2　海岛地区水资源优化配置模型构建

水资源配置模型的建立需要考虑实用性与可求解性，因此在建模时通常有模拟和优化配置两种方法。模拟模型直观易懂，能对现有的系统进行仿真，适合用于构建输入输出式的系统响应结构。优化配置模型则通过建立目标函数方程与系统约束矩阵，根据具体问题的特点与要求选择相应的求解方法进行模型求解，以获得满足给定条件下效益较好的优化结果。

2.2.1 海岛水资源优化配置模型水源

（1）海岛水源

大部分海岛与大陆分离，为无外来客水的独立系统，岛上地表水来源于大气降水。多数海岛地形条件复杂，地表面积有限，河网单一，径流量小。对于有地表径流的海岛，合理修建水库工程是当地水资源开发的主要方式。地质条件较好的海岛，其地表水资源开发程度较高，水库与水厂构成其主要供水系统；地质条件较差、开发程度较低的海岛，其地表水资源利用主要依靠自然形成的水沟与洼地等天然汇流和积蓄的地表径流。

部分海岛远离大陆且无可供水资源开发所用的地表径流，因此，地下水成为该类海岛的主要淡水来源。地下水资源主要通过大气降水直接渗入和地表水直接渗入地下形成。海岛地下水资源是否丰富取决于地下水资源能否获得足够的补给量与原有的储量。对于雨量充沛的海岛，在适宜的条件下，地下水能获得大量的渗入补给，因此地下水资源丰富；对于干旱的海岛，其降雨量稀少，地下水资源相对匮乏。海岛地区地下水的开采方式通常以机井为主，伴有民井、手摇井、泉引井等。

（2）雨水收集

对于水资源匮乏的海岛地区，雨水收集成为水资源开发的一条可行途径。20 世纪 80 年代开始，雨水利用受到了世界各个国家和地区的关注。降水丰富的海岛地区，可以通过收集天然降水，一方面直接用于供水，另一方面用于补充过度开采的地下水。雨水收集通常采用简易的屋檐接水法，即利用居民房屋屋檐接引雨水，将这些雨水收集后统一处理，经过过滤、沉淀、消毒等一系列水质处理后输入供水系统。事实证明，该方法对于远离大陆的海岛地区水资源可持续利用有重要意义。

（3）大陆引水

解决海岛地区结构性缺水的另一有效途径为大陆引水，对于一些实在无水可用的海岛，大陆引水部分缓和了区域间水资源分配不平衡的矛盾。2007 年，我国的第一个跨海引水工程在大连正式开通。大陆引水的主要方式为海底管道引水、船运引水和跨海架桥引水。海底管道引水的方式能有效控制输水水质，减少蒸发耗损，且能够节约土地，运行条件相对可靠，但也存在建设成本较高、输水量较小的问题；船运引水耗时长，若航程较远易造成水质污染，运送效率较低，但船运建设成本较小，因此适合离大陆较远且需水量相对较小的岛屿；跨海架桥引水方式技术要求较高，建设成本较大，因此很少被采用。

2.2.2 海岛水资源优化配置模型用水对象

根据水资源的使用去向，海岛用水对象主要可以分成三类：生活用水、生态用水和生产用水。海岛水资源优化配置模型可以针对这些用水对象进行分析和优化，以实现合理的水资源分配和管理。三类用水对象简要介绍如下。

1）生活用水：人们日常生活（包括在家庭、办公室、商业建筑）中的个人用水需求，包括饮用、洗涤、洗浴、厕所冲洗等。

2）生态用水：为了维持生态系统的健康而使用的水资源，包括湿地保护、河流生态维护、水生生物保护等，以确保自然生态系统的可持续发展。

3）生产用水：分为农业（水产养殖）用水、工业用水和市政公共用水。

①农业（水产养殖）用水：用于灌溉农田、养殖水产等农业生产活动中的水资源，包括水稻种植、果园种植、蔬菜种植等需要水的农业活动，以及水产（如鱼类、虾类等水生动物）的养殖。

②工业用水：工业生产过程中使用的水资源，包括制造业、石化行业、能源产业等需要用水进行生产、制造、冷却、清洁和其他用途的工业活动。

③市政公共用水：供应给城市和市区居民、商业建筑、学校、医院等的用水，包括供应家庭的自来水、商业建筑的用水、公共设施（如学校、医院、政府机关等）的用水，以及用于消防、清洗公共街道等的用水。

2.2.3 海岛水资源优化配置模型目标函数

海岛水资源优化配置通常是一个复杂的多目标问题，需考虑区域经济、社会、生态等多重目标，若涉及海岛与大陆水资源共同配置，由于海岛城市缺乏淡水资源，水源类型单一，需在水资源配置的过程中考虑大陆引水的重要作用。海岛水资源优化配置涉及海岛水库蓄水、降雨径流、大陆引水等多水源和多个用水户的需求，结合水资源配置的需求和供给情况，确定优化配置模型的决策变量为不同水源向供水对象的供水量、不同水库向不同用水对象的供水量，以及额外从大陆引水的水量。各目标函数具体如下所示。

（1）目标一：供水保证率最大

$$\max f_1(x)=\sum_{j=1}^{J}\sum_{i=1}^{I}x_{ij}/WD_j \tag{2-1}$$

式中，x_{ij} 为水源 i 向用水对象 j 的总供水量，单位为 m^3；I 为水源的个数，J 为用水户数；WD_j 为调度周期内用水对象 j 所需要支配的总水量，单位为 m^3。

（2）目标二：供水成本最小

为实现经济效益的优化，大多数研究侧重于将用水产生收益的提高作为目标函数，但较少有研究关注供水过程中的成本支出计算。海岛地区的水源包括海岛水和大陆水，不同水源单位取水量的成本因供水方式和供水距离的不同而有差异，为更好地优化供水结构，充分提高海岛水的利用效率，需对成本进行详细精确的计算，以实现经济效益的提升。

$$\min f_2(x)=C_{\text{total}}=C_{\text{island}}+C_{\text{mainland}} \tag{2-2}$$

式中，C_{island} 为海岛供水产生的成本支出，单位为元；C_{mainland} 为大陆引水产生的成本支出，单位为元。

在供水过程中的成本计算方法详述如下。

1）取用海岛水的成本支出。海岛水取用的成本计算包括三个方面：①水资源费，即对城市中取水的单位征收的费用，这项费用按照取之于水和用之于水的原则，纳入国家及地方财政，作为开发利用水资源和当地水资源系统管理的专项资金，具体的单价以当地政府的相关规定来确定。②水费，即从水库中取水所需要交纳的费用，此部分费用的收费方式分为年度收费和按取水量收费两种。③在取用海岛水的过程和运输过程中利用泵站抽水时，泵站工作所消耗的电费。每一部分的具体计算公式如下。

① 水资源费。水资源费即水资源费单价与所有水库向水厂的供水量总和相乘。

$$C_{\text{island\_water\_resource}}=k\times\sum_{i=1}^{I}\sum_{j=1}^{J}x_{ij} \tag{2-3}$$

式中，k 为水资源费的单价，单位为元 /m³。

② 水费。水费部分的支出为水费单价与相应水库的供水量相乘。

$$C_{\text{island\_water\_cost}} = c_i \times \sum_{i=1}^{I'} \sum_{j=1}^{J'} x_{ij} \tag{2-4}$$

式中，c_i 为水库的水费单价，单位为元 /m³。

③泵站工作所消耗产生的电费。泵站运行过程中所消耗的电能所产生的费用。

$$C_{\text{island\_water\_electricity}} = d_i \times \sum W_u^{\text{pump}} / \left(\sum_{n=1}^{N} Q_{\max}^{n} / \sum_{n=1}^{N} P_n^{\text{pump}} \right) \tag{2-5}$$

式中，d_i 为单位电价，单位为元 / 千瓦时；N 为泵房中设备的数量；P_n^{pump} 为泵房中第 n 号设备的配套电机功率，单位为 kW ；$Q_{\max}^{n}$ 为泵房中第 n 号设备的最大流量限制值，单位为 m³/s ；$\sum W_u^{\text{pump}}$ 为经过 u 泵站的流量值之和，单位为 m³。

2）大陆引水的成本支出。从大陆引水的成本支出主要也分为三个部分：水资源费、水费和从大陆引水过程中泵站工作产生的电费。从大陆引水的水资源费和水费的计算公式如下。

$$C_{\text{mainland\_water\_resource}} = m \times X_{\text{mainland}} \tag{2-6}$$

$$C_{\text{mainland\_water\_cost}} = n \times X_{\text{mainland}} \tag{2-7}$$

式中，X_{mainland} 为从大陆引水的总量，单位为 m³ ；m 为从大陆引水需要交纳水资源费的单价，单位为元 /m³ ；n 为从大陆引水需要交纳水费的单价，单位为元 /m³。

大陆引水水源需经过一段较长的运输路线才可实现对海岛地区的供水，因此需额外计算泵站工作以支撑大陆引水完成跨海运输所需要消耗的总电量。

$$C_{\text{mainland\_water\_electricity}} = d_i \times \sum_{n=1}^{N} P_n^{\text{pump}} \times \Delta t \tag{2-8}$$

$$\Delta t = (L + X_{\text{mainland}} / S) / (Q_{\max} / S) / 3600 \tag{2-9}$$

式中，Δt 为大陆引水完成跨海运输所需要的时间，单位为 h；L 为引水隧道的管道长度，单位为 m ；S 为引水隧道的管道横截面积，单位为 m² ；$Q_{\max}$ 为引水隧道中的最大过流能力，单位为 m³/s。

2.2.4 海岛水资源优化配置约束条件

针对研究区域供水能力、泵站抽水能力和管道输水能力设定相应的供水约束条件，基于大陆引水工程中的水资源供给能力和政府相关规定要求设定各类供水源的取水上限约束。配置模型的约束条件包括以下七个方面。

（1）水量平衡约束

各供水设施与受水设施均需满足水量平衡约束。其中，蓄水工程（水库）水量平衡公式：

$$S_{t+1} = S_t + I_t - ET_t - ST_t - WS_t \tag{2-10}$$

式中，S_{t+1}、S_t 分别为水库 t 时段初、末蓄水量，单位为 m^3；I_t、WS_t 分别为水库 t 时段入流量和出库流量，单位为 m^3；ET_t、ST_t 分别为水库 t 时段蒸发和渗漏量，本书中假设蒸发和渗漏量可忽略不计，单位为 m^3。

分水点水量平衡公式：

$$\sum_x INQ_t^x = \sum_x OUTQ_t^x \tag{2-11}$$

式中，$\sum_x INQ_t^x$ 为节点所有入流量，单位为 m^3；$\sum_x OUTQ_t^x$ 为节点所有出流量，单位为 m^3。

（2）水库可供水量约束

水库可供水量约束即某一个水库向各水厂的供水量总和不超过水库在当前时段的供水能力。水库为满足兴利调度需求与防洪调度要求，通常会将其运行库容限制在某一范围之内。

$$\sum_{j=1}^{J} x_{ij} \le \min\left(WS_i\right) \tag{2-12}$$

式中，WS_i 为水源 i 的当前库容量、考虑在当前时段的入库径流量，以及上一时段向各水厂的供水量（出库流量），最终通过计算获得的值作为当前时段水库的可供水量，单位为 m^3。

（3）泵站过流能力约束

泵站过流能力约束指泵站在运行时能够承受的最大流量或最大流速的限制。这一约束通常由泵站的设计特性、设备的规格和管道系统的承载能力等因素所决定。当水流量超过泵站的过流能力时，可能会导致设备损坏、管道破裂或者其他安全问题。因此，泵站设计和运行时需要考虑并遵守泵站的过流能力约束，以确保泵站系统的安全可靠运行。

$$x_{ij} = x_{ij}^{\text{pump}} + x_{ij}^{\text{others}} \tag{2-13}$$

$$x_{ij}^{\text{pump}} \leqslant \sum_{n=1}^{N} W_{\max}^{\text{pump}\_n} \tag{2-14}$$

式中，x_{ij}^{pump} 为水库中通过泵站抽水完成供水的部分水量，单位为 m^3； x_{ij}^{others} 为水库中以自流、虹吸等方式完成供水的部分水量，单位为 m^3； $W_{\max}^{\text{pump}\_n}$ 为泵站中 n 号设备在调度过程中单位时段内可实现的最大抽水流量值，单位为 m^3。

（4）管道输水能力约束

管道输水能力约束是指管道系统在输送水流时所能承受的最大流量或最大流速的限制。这一约束通常由管道的直径、材质、壁厚、长度、管道内部摩擦损失、管道周围土壤条件和管道连接等因素所决定。

$$x_{ij}, x_{ij}^{\text{pump}}, x_{ij}^{\text{others}} \le W_{\max}^{\text{pipe}\_m} \tag{2-15}$$

式中，$W_{\max}^{\text{pipe}\_m}$ 为管道 m 在调度过程中单位时段内的最大过流能力值，单位为 m^3。

（5）海岛供水和大陆引水量约束

综合考虑当地政府对水资源开发利用程度规划和引水工程上限能力等各相关依据，确定一年内总取水量的上限值和大陆引水总量的上限值。

$$X_{\text{island}} \le W_{\text{island\_max}} \tag{2-16}$$

$$X_{\text{mainland}} \le W_{\text{mainland\_max}} \tag{2-17}$$

式中，X_{island} 为一年内从海岛取水的总量，单位为 m^3； X_{mainland} 为从大陆引水的总量值，单位为 m^3； $W_{\text{island\_max}}$ 为一年内从海岛取水的上限值，单位为 m^3； $W_{\text{mainland\_max}}$ 为一年内从大陆引水的上限值，单位为 m^3。

（6）用水户需水量约束

输水量不得超出各用水户的需水量区间。当输水量低于用水户需水量时，正常的生产生活等经济社会活动将无法正常开展，生态治理任务受阻，造成经济社会发展受阻、人居环境倒退等一系列社会问题；当输水量超过用水户需水量时，将造成水资源的浪费，增加相关用水单位的水处理成本，因此需设置合理的用水户需水量约束。

$$WD_j \geq \alpha_j \tag{2-18}$$

式中，WD_j 为调度周期内用水对象 j 所需要支配的总水量，单位为 m^3；α_j 为调度周期内用水对象 j 所需要支配的总水量下限，单位为 m^3。

（7）变量非负约束

变量非负约束是指在数学建模或优化问题中，对某些变量的取值范围进行限制，确保这些变量的取值不能小于零。

$$x_{ij} \geq 0 \tag{2-19}$$

式中，x_{ij} 为水源 i 向用水对象 j 的总供水量，单位为 m^3。

2.3　多目标优化问题求解方法

多目标优化算法是用于解决多目标优化问题的一类方法。在多目标优化问题中，通常存在多个冲突的目标函数。多目标优化算法的目标是在多个目标函数之间寻找到一组解集，这组解集尽可能接近或覆盖帕累托最优前沿（Pareto front），即无法在其中改进任何一个目标函数值而不损害其他目标函数值。多目标优化算法致力于维持解集的多样性，以便提供多个优秀的解供决策者选择。常见的多目标优化算法包括非支配排序遗传算法（non-dominated sorting genetic algorithm-Ⅱ, NSGA-Ⅱ）、基于分解的进化多目标优化算法（multi-objective evolutionary algorithm based on decomposition, MOEA/D）、基于指标的进化算法（indicator-based evolutionary algorithm, IBEA）、多目标灰狼算法（multi-objective grey wolf optimization, MOGWO）等。

2.3.1　基于精英保留策略的快速非支配多目标优化算法

遗传算法（genetic algorithm）是以自然选择和遗传学理论为基础的一种

全局随机搜索算法。遗传算法起源于 20 世纪中期，是由美国的霍兰德教授基于对生物遗传现象和生态系统中的自适应系统的研究提出的一种算法，其利用计算机模拟生物在自然环境中的进化过程来实现根据自身的适应程度筛选全局最优解的方法。遗传算法将问题的一个解称为个体，种群即为若干解的集合。对于种群中的每个个体，通常可以使用目标函数对其适应度进行评价，计算出个体对应的适应度的值，然后根据其适应度的大小确定其保留至下一代的概率，通常这个概率和适应度的值成正比，即适应度的值越大，被保留进入下一代的概率也就越高。计算适应度再根据适应度大小确定保留至下一代概率的整个过程被称为选择。没能被选择保留的个体在这轮进化中被淘汰，而成功进入下一代的个体则会经过交叉和变异操作，生成新的一代种群，之后便开始下一次循环，直到满足迭代终止的准则。在这个不断迭代的过程中包含了三个算子，即选择、交叉和变异。利用这三个算子对初始的解进行不断的、重复的作用，这些解可以不断向全局最优解收敛。

非劣解排序遗传算法（non-dominated sorting genetic algorithms，NSGA）[77]基于对多目标解群体进行逐层分类，在每代选种配对前先按解个体的非劣关系进行排序，并引入基于决策向量空间的共享函数法，以保持种群的多样性。基于精英保留策略的快速非支配多目标优化算法（NSGA-Ⅱ）改进了 NSGA 的不足，是目前优化多目标领域引用率最高的算法[78]。NSGA-Ⅱ提出了快速非支配排序的概念，采用新的最优解集构造方法，将第一代算法的计算复杂度 $O(MN^3)$ 降为 $O(MN^2)$，有效降低了非劣排序遗传算法的复杂性，大大降低了问题的复杂程度，使得算法能更快地收敛到最优解集；通过引入精英策略（最优保留策略）来扩大采样空间，将父代和子代种群合在一起，在同一个群体中竞争产生下一代种群，保证已经获得的最优解不丢失，提高了收敛速度，增强了算法的鲁棒性和稳定性；引入的拥挤度和拥挤度比较算子在选择操作和下一代种群的生成过程中，作为比选标准之一，解决了 NSGA 中需要人为指定共享参数的问题，简化了算法难度，并且使得所有帕累托最优解能够均匀分布在帕累托前沿。NSGA-Ⅱ流程如图 2-1 所示，NSGA-Ⅱ计算步骤如下。

步骤 1　初始化种群

初始化一个规模为 N 的父代种群。每随机生产一个染色体，都需要和前面产生的所有个体进行比较，若不相同则加入初始种群，若相同则舍弃，保证种群多样化。

步骤 2　等级分离和拥挤度计算

对种群进行非支配等级排序，层级越高，个体适应度越强。使用拥挤距离衡量同一非支配层级的个体适应度。

1）对种群进行非支配排序，层级越高，个体适应度越强。位于第一级非支配层的每一个个体的拥挤度 i_d 赋值为 0。

2）位于同一个非支配层两端的两个个体由于具有最大或最小的目标函数值，令其拥挤距离无穷大，即 $O_d = i_d = \infty$。

步骤 3　计算种群中所有个体的拥挤距离

$$i_d = \sum_{j=1}^{m}\left(\left|f_j^{i+1} - f_j^{i-1}\right|\right) \tag{2-20}$$

式中，i_d 为 i 点的拥挤度；f_j^{i+1} 为 $i+1$ 点的第 j 个目标函数值；f_j^{i-1} 为 $i-1$ 点的第 j 个目标函数值。

步骤 4　父代个体和二进制锦标赛选择

随机选出个体，进行非支配排序等级对比。若层级不等，则选取排序值偏小的个体；若层级相等，则进行拥挤度对比，选取拥挤度较大者。重复该过程，选出两个父代个体进行下一步的交叉变异。

使用交叉变异方法求解，每次交叉变异产生两个子代，循环交叉变异过程，直到生产出一个种群规模为 N 的新种群。

1）交叉、变异

交叉操作模拟自然界中染色体的交叉换位现象，用于生成新个体，决定了算法的全局搜索能力。标准的 NSGA-Ⅱ使用模拟二进制交叉算子。变异操作是模拟生物的基因变异，与交叉操作一样，都用于产生新个体。标准 NSGA-Ⅱ的变异算子为多项式变异算子。

2）种群合并

将父代个体与子代个体合并后进行非支配排序，使得搜索空间变大，在生成下一代父代种群时按顺序将优先级较高的个体选入，并在同级个体中采用拥挤度进行选择，保证了优秀个体能够有更大的概率被保留。

3）对种群进行非支配等级排序和拥挤度计算，产生新的种群去除种群中相同的染色体，进行非支配等级排序和拥挤度计算，选出适应度较高的 N 个个体，形成新的种群。

步骤 5 循环次数判断

判断运算是否到达最大迭代次数，若已到达最大迭代次数则停止运算并输出结果。

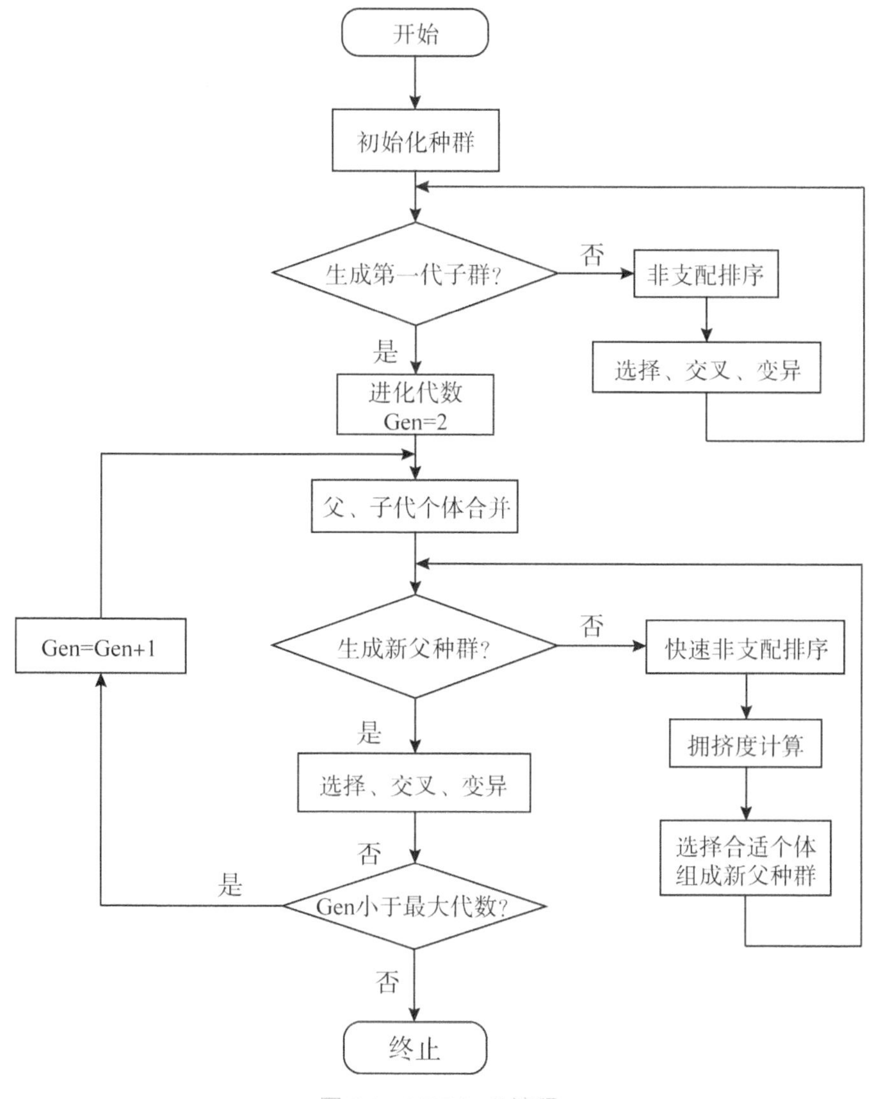

图 2-1　NSGA-Ⅱ流程

2.3.2 基于分解的进化多目标优化算法

基于分解的进化多目标优化算法（MOEA/D）是由 Zhang 等[79]提出的一种较为新颖的进化多目标优化框架。MOEA/D 通过数学规划方法，将多目标优化问题分解为一系列单目标优化子问题，并在进化的过程中同时求解各个子问题，各个子问题的最优解构成了原多目标优化问题最优解的一个近似。MOEA/D 的核心思想在于解空间分解和邻域更新策略从而加快解的搜索，需要求解的多目标问题分解为多个标量化子空间的解的优化问题，并将每个解所属的子空间和与之相邻的 T 个子空间定义为邻域，交换邻域中解的信息产生新解，并利用新解来更新子空间中的解，使得每个子空间中的解保持最优，而不用遍历整个解空间，因此 MOEA/D 的求解方式可以加快解空间的搜索速度。产生的新解通过聚合函数来计算新解和原解之间的优劣，通过比较保留较优的解，替换劣解，保证每个子空间中保存的都是最优的解。

MOEA/D 的主要流程是将求解的多个目标空间分解为 N 个子目标空间，通过生成的随机向量将目标空间分解为均匀的 N 个子空间，将 N 个解 x_1，…，x_N 分配到 N 个权向量 λ_1，λ_2，…，λ_N 组成的子目标空间中；获取每个子目标空间离它最近的 T 个邻域子空间，具体通过计算权重向量之间的欧几里得距离进行排序，即可得到每个权重向量的邻域子空间，利用遗传算法中的交叉、变异等操作产生新的个体 y，并且将 y 和子目标空间中的个体进行比较、更新，这样保证了每个子目标空间中解是当前状态下的最优解。图 2-2 所示的是基于 MOEA/D 算法的利用遗传操作算子产生新个体的算法流程。

其中，子空间的解利用聚合方法将一个多目标问题转化为求解一个单目标问题。常见的聚合方法有切比雪夫法、加权和方法等。其中，切比雪夫法如下：

$$\begin{gathered}\text{Minimize}\\ g^{te}\left(\frac{x}{y}, z_i^*\right)=\max_{1\le i\le m}\left\{\gamma_i \mid f_i(x)-z_i^*\right\}\\ \text{s.t. to } x\in\mathbf{Q}\end{gathered} \tag{2-21}$$

式中，$\boldsymbol{\gamma}=(\gamma_1,\gamma_2,\gamma_3,\cdots,\gamma_1)$ 为权向量，并且有 $\sum_{i=1}^{m}\gamma_i=1$；$z_i^*=\left(z_1^*,z_2^*,\cdots,z_m^*\right)$ 为参考点，z_i^* 取值为所有解中每个目标的最优值。

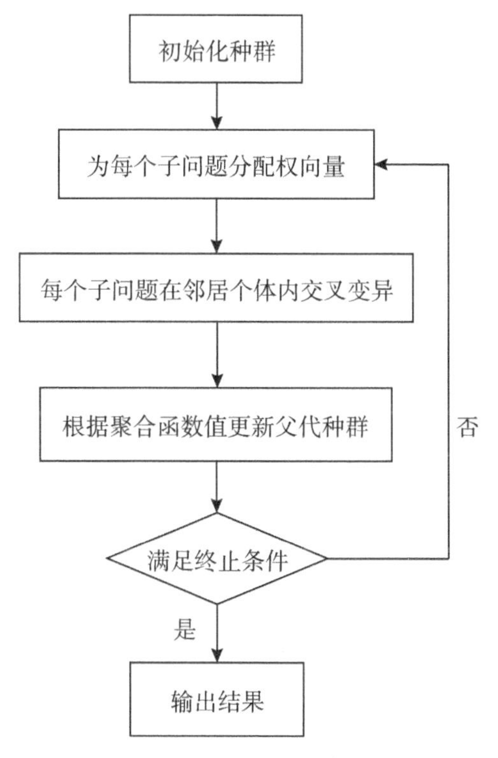

图 2-2　MOEA/D 流程

2.3.3　基于指标的进化算法

为了对比不同多目标进化算法的性能，研究者们提出了评估含有大量个体集的质量指标，如评估收敛性的 GD 指标、IGD 指标、ε 指标、R2 指标、评估分布性的 SS 指标，以及兼具收敛性和分布性的超体积（hypervolume, HV）指标等。性能指标通过利用一些偏好信息，为众多近似解集中的任何一个近似解集分配一个实数，这样就可以根据每个近似解集所对应的实数来判断任何两个近似解集的相对优劣。2004 年，Zitzler 等 [80] 提出了 IBEA 算法，该算法是一种比较新颖的多目标进化算法。IBEA 算法不使用传统的多样性保护技术，算法收敛性好且适合求解目标维数较高的问题。首先用二元性能指标来定义优化目标，然后直接在选择过程中使用这个指标选择出下一代种群个体。该算法可以与任意服从帕累托优胜规则的指标相结合，令 X

代表决策向量空间，X_1、X_2、X_3 为三个决策向量，X_1、X_2、$X_3 \in X$，服从帕累托优胜规则的二元性能指标有下面两条性质：

$$\begin{aligned} X_1 > X_2 \rightarrow I(X_1, X_2) < I(X_2, X_1) \\ X_1 > X_3 \rightarrow I(X_3, X_1) \geq I(X_3, X_2) \end{aligned} \tag{2-22}$$

常用的二元 ε 指标和二元 HV 指标都服从帕累托优胜规则。

适应度分配根据种群中的个体在求优化目标的过程中的利用价值为它们划分等级，IBEA 利用性能指标计算个体适应度公式为：

$$F\left(X_I\right) = \sum_{X \in P\left(X_i\right)} -\mathrm{e}^{-I\left(x^j, x^i\right)/(c \cdot k)} \tag{2-23}$$

式中，k 为一个大于 0 的比例缩放因子，实验结果表明 $k = 0.05$ 时算法能取得较好结果。

IBEA 流程如图 2-3 所示。在 IBEA 中设置三个种群：P、Q 和 R。群体 P 为一个外部存储单元，用来存储适应度较高的个体。在初始化阶段，群体 Q 用来存放初始种群，在后续的算法执行过程中该群体为算法的交配池。群体 R 的规模是群体 P 和群体 Q 的总和。具体的算法执行步骤如下。

步骤 1　定义初始化群体 Q，并设置一个空的群体 P，设置保存进化代数的变量 $\text{gen} = 0$。

步骤 2　将群体 P 和群体 Q 合并构成群体 R，对群体 R 中的个体基于指标的适应度进行分配。

步骤 3　执行环境选择操作，在该步骤中反复执行以下两个子步骤：①从群体 R 中选出适应度最小的个体并删除；②更新剩余个体的适应度，反复执行以上步骤直到剩余个体数目为群体 P 的规模，再将群体 R 中剩余的个体放入群体 P。

步骤 4　判断是否达到最大进化代数或是否满足其他终止条件，如果终止则输出非劣解集。

步骤 5　利用锦标赛选择法从群体 P 中选择个体并复制到群体 Q（交配池）中。

步骤 6　对交配池中的个体进行交叉变异产生子代个体，用新个体替换群体 Q 中的父代个体，进化代数加一。

步骤 7　跳转执行步骤 2。

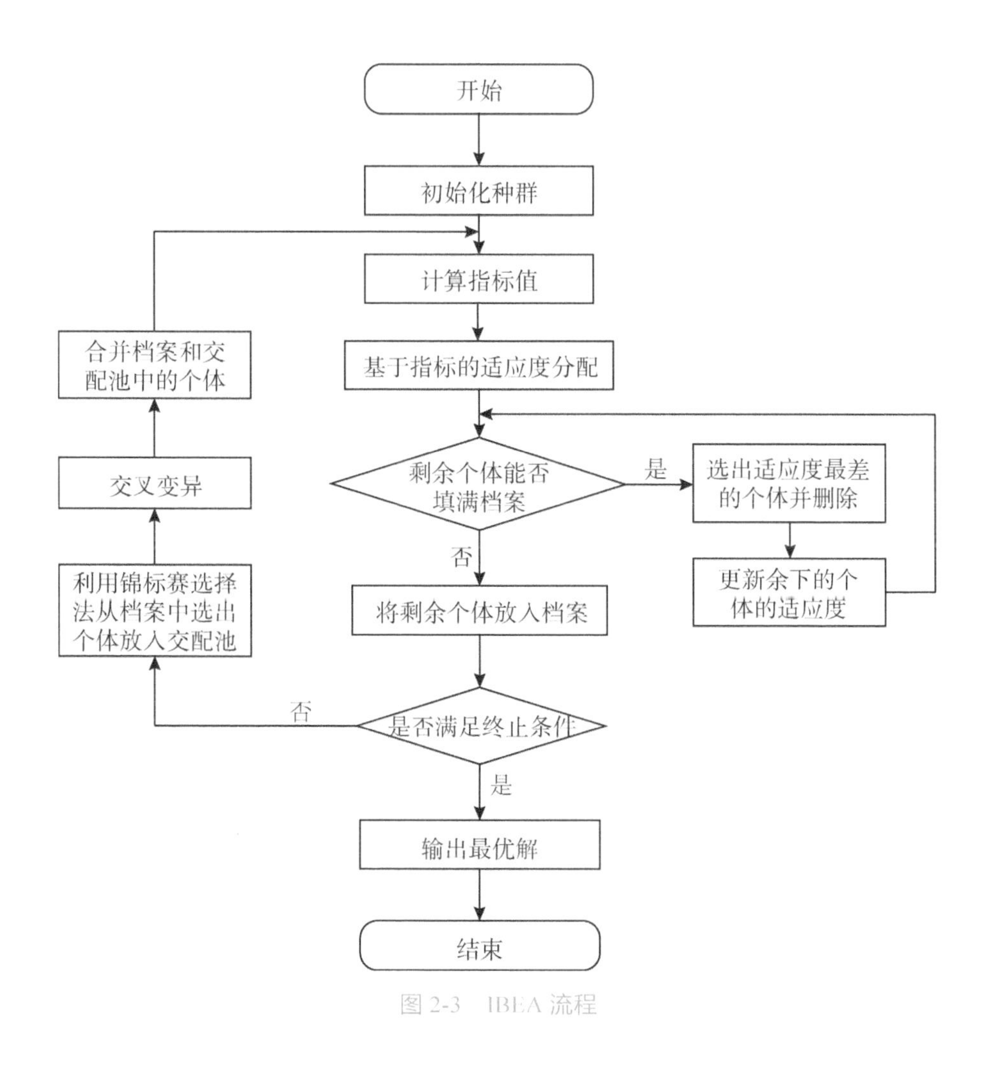

图 2-3　IBEA 流程

2.3.4　多目标灰狼优化算法

灰狼优化（grey wolf optimization，GWO）算法是由 Miijalili 等[81]于 2014 年提出的一个群智能优化算法，该算法是受到灰狼捕食猎物行为的启发而开发出的一种优化搜索方法。在 GWO 算法中，狼群按照严格的等级制度，被区分为 α 、β 、δ 、ω 级。等级制度如图 2-4 所示。其中，α 狼是灰狼群体的头狼，是拥有最高的智慧和能力的个体，在 GWO 算法中我们将它看作最接近最优值的个体；β 和 δ 狼则被看作是适应度次之的个体，它们在捕猎过程中将协助 α 狼管理群体，制定猎杀策略，因此它们也作为 α 狼的候补者；狼群剩余的部分将被认定为是 ω 狼，它们数量相对较多，主要用于平衡狼群之间的内部关系，并且协助 α、β、δ 狼进行捕猎行动。GWO 算法将捕猎过程分为了三个步骤，分别是包围、狩猎和攻击阶段[81]。

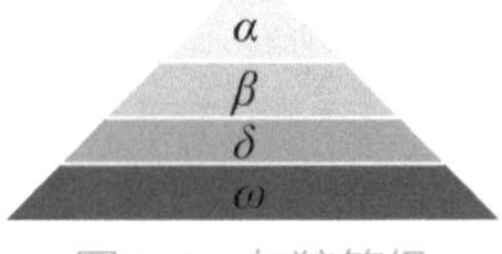

图 2-4 灰狼等级

1）包围行为

灰狼在围捕猎物的过程中会首先包围猎物，其中包围行为的数学模型如下方程所示：

$$D_p = \left|C(t) \cdot X_p(t) - X(t)\right| \tag{2-24}$$

$$X(t+1) = X_p(t) - A(t) \cdot D_p \tag{2-25}$$

$$A(t) = 2 \cdot a(t) \cdot r_1 - a(t) \tag{2-26}$$

$$C=2 \cdot r_2 \tag{2-27}$$

式中，D 为个体与猎物的距离；t 为当前的迭代次数；$\boldsymbol{X}$ 为灰狼的位置；$\boldsymbol{X}_P$ 为猎物的位置；A 和 C 均为系数；a 为控制参数，a 值较大时，全局搜索效率更高，a 值较小时，可以迅速收敛；r_1 和 r_2 分别为在 $[0,1]$ 之内的随机数。

2）狩猎行为

GWO 算法有识别猎物的能力，狩猎的整个过程由 α 狼主导，其他等级的灰狼偶尔参与，在抽象的搜索空间中，猎物的位置是未知的，为了模拟这个过程，我们假设一个灰狼的位置代表问题的一个解，α 为最优的灰狼（最佳候选解），β 为次优的灰狼，δ 为第三优的灰狼，其余的灰狼是 ω。在狩猎过程中，α、β 和 δ 最接近猎物，因此在进化过程中根据 α、β 和 δ 的位置来更新 ω 的位置，从而实现全局优化，如图 2-5 所示。狩猎行为的数学模型如下：

$$D_j = \left|C_i \bullet X_j(t) - X(t)\right| \begin{cases} i = \{1,2,3\} \\ j = \{\alpha, \beta, \delta\} \end{cases} \tag{2-28}$$

$$X_i = \left| X_i - A_i \cdot D_j \right| \begin{cases} i = \{1,2,3\} \\ j = \{\alpha, \beta, \delta\} \end{cases} \tag{2-29}$$

$$X(t+1) = \frac{(X_1 + X_2 + X_3)}{3} \tag{2-30}$$

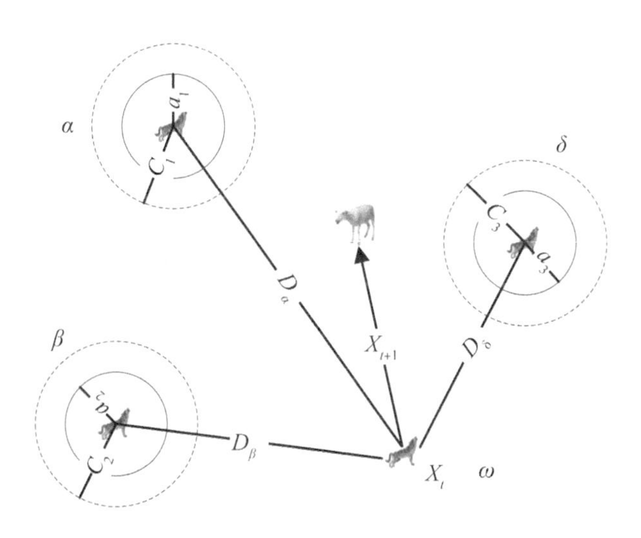

图 2-5　GWO 算法位置更新计算流程

3）攻击行为

在公式（2-31）中，t 为当前迭代次数，T 为设定的最大迭代次数。记 $\boldsymbol{a} = [a_1, a_2, ..., a_n]$，其中 $a_i\,(1 \le i \le n)$ 的值从 2 递减至 0，记 $\boldsymbol{A} = [A_1, A_2, ..., A_n]$，其中 $A_i\,(1 \le i \le n)$ 的值在区间 $[-a_i, a_i]$ 变化。当 $|A_i| \le 1$ 时意味着灰狼逐渐靠近猎物，促使狼群进行攻击行为，属于算法的开采阶段；当 $|A_i| > 1$ 时，意味着灰狼远离猎物，希望找到一个更适合的猎物，促使狼群再次进行全局搜索，属于算法探测阶段。

$$a_i = 2 - 2 \cdot t / T \tag{2-31}$$

多目标灰狼优化（MOGWO）算法是在 GWO 算法的基础之上 [82]，引入非劣解支配排序理论构建的多目标进化算法。MOGWO 算法流程如图 2-6 所示，MOGWO 算法计算步骤如下。

步骤 1　初始化狼群、计算种群适应度函数确定非支配解集，对非支配解集进行网格计算确定坐标值，开始迭代。

步骤 2　从非支配解集中选择 α 、β 和 δ 狼，并根据三只狼的坐标位置更新种群位置。

步骤 3　完成种群位置更新后，计算并获得新种群的非支配解集。

步骤 4　将新生的非支配解集与原有的非支配解集合并，计算获得两者的非支配解集，本次迭代结束。

步骤 5　判断是否达到最大迭代次数，如果达到最大迭代次数则停止运算并输出非支配解集。

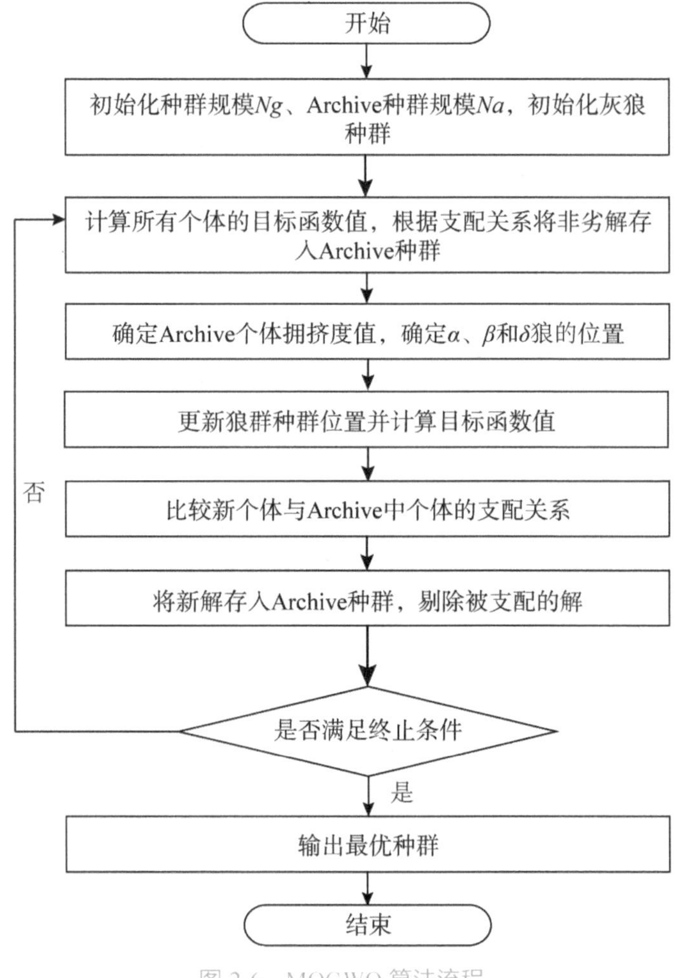

图 2-6　MOGWO 算法流程

2.4　多属性决策方法

2.4.1　多属性决策方法分类

多属性决策是现代决策科学的一个重要组成部分，它的理论和方法在工程设计、经济、管理和军事等诸多领域中有着广泛的应用。多属性决策的实质是利用已有的决策信息，通过一定的方式对一组（有限个）备选方案进行排序或择优。它具体结合决策者偏好和方案客观规律等信息对评价指标进行量化，获取表征指标重要性程度的权重，是进行下一步方案评价的关键，而确定权重的方法则直接决定方案评价的效果。基于权重属性的不同，确定权重的方法分为两种：一种是主观权重的确定方法，依据不同决策者的偏好信息确定权重，这种方法依赖于决策者的意愿选择方案，忽略了方案自身信息，如德尔菲法和层次分析法等；另一种是客观权重的确定方法，这种方法由指标数据信息的客观分布规律确定其重要程度，但是无法体现决策者意愿，易出现决策结果不合理的问题，如熵权法、均方差法和离差最大化法等。因此，建立基于主观权重和客观权重的组合权重的多目标属性决策评价模型，同时兼顾决策者的主观偏好和决策指标属性值的客观规律信息，能够提高模型评价的合理性和综合性。

2.4.2　多属性决策矩阵

我们通常采用矩阵来描述多属性问题。假设一个由若干方案组成的集合 P，其中的第 i 个方案表示为 p_i，可知 $P=\{P \mid p_1, p_2, p_3, ..., p_m\}, m \geq 2$；$Q_i$ 表示第 i 个方案的属性向量，$Q_i=\{Q_i \mid \alpha_{i1}, \alpha_{i2}, \alpha_{i3}, ..., \alpha_{in}\}, n \geqslant 2, i=1,2,...,m$；由此，集合 P 可按表 2-1 进行描述，记作决策矩阵 $\boldsymbol{A}$。

表 2-1 决策矩阵

方案	Q_1	Q_2	…	Q_n
p_1	α_{11}	α_{12}	…	α_{1n}
p_2	α_{21}	α_{22}	…	α_{2m}
⋮	⋮	⋮	⋮	…
p_m	α_{m1}	α_{m2}	…	α_{2m}

2.4.3 属性规范化方法

我们通常遇到目标函数的量纲、数量级、决策类型完全不同，若不统一处理，则会对计算效果造成很大影响。为消除这些差异对问题求解带来的不利影响，常采取无量纲化、归一化等措施，规范化各目标。常见的方法有向量标准化方法、比例变换法、非比例变换法等。

（1）向量标准化方法

利用式（2-32）标准化后，所有目标属性值的平方和等于 1：

$$\alpha'_{ij}=\frac{\alpha_{ij}}{\sqrt{\sum_{i=1}^{n}\alpha_{ij}^{2}}} \tag{2-32}$$

经向量标准化处理后，统一化属性值，方便属性间的对比。

（2）比例变换法

利用下式对不同类型指标按一定比例进行线性转换，保留了属性值间的相对重要程度。

1）效益型指标，使用式（2-33）计算：

$$a'_j(i)=\frac{a_j(i)}{a_{j,\max}(i)} \tag{2-33}$$

$$a_{j,\min}(i)=\min_{1\le i\le n}a_j(i)$$

2）成本型指标，使用式（2-34）计算：

$$
\begin{aligned}
a'_j(i) &= \frac{a_{j,\min}(i)}{a_j(i)} \\
a_{j,\min}(i) &= \min_{1\le i\le n} a_j(i)
\end{aligned}
\tag{2-34}
$$

（3）非比例变换法

利用下式对不同类型指标按不同的比例分别进行属性值的标准化处理，保证各类目标属性值从 0 到 1 变化，维持原始属性间的比例关系。

1）效益型指标，使用下式计算：

$$
a'_j(i) = \frac{a_j(i) - a_{j,\min}(i)}{a_{j,\max}(i) - a_{j,\min}(i)} \tag{2-35}
$$

2）成本型指标，使用下式计算：

$$
a'_j(i) = \frac{a_{j,\max}(i) - a_j(i)}{a_{j,\max}(i) - a_{j,\min}(i)} \tag{2-36}
$$

2.4.4 常见的多属性决策方法

以下是多属性决策的一些常用方法，如层次分析法、熵权法等。

2.4.4.1 层次分析法

层次分析法（analytic hierarchy process，AHP）是由美国运筹学家匹兹堡大学教授萨蒂在 20 世纪 70 年代初提出的一种定性和定量的多目标属性决策方法，操作简单且原理清晰[83]。AHP 是将与决策有关的元素分解成目标、准则、方案等一系列层次，然后进行定性和定量分析的决策方法。这种方法的特点是在对复杂的决策问题的本质、影响因素及其内在关系等进行深入分析的基础上，利用较少的定量信息使决策的思维过程数学化，从而为多目标、多准则或无结构特性的复杂决策问题提供简便的决策方法。AHP 尤其适合于对决策结果难以直接准确计量的场合。基于 AHP 确定主观权重的步骤如下。

步骤 1　判断各因素之间的关系，建立系统的层次结构，一般包括目标层、准则层和方案层，如图 2-7 所示。目标层指综合效益，准则层指由社会、经济和生态三方面构成的决策指标集，方案层指多目标求解获取的帕累托非劣调度方案集。

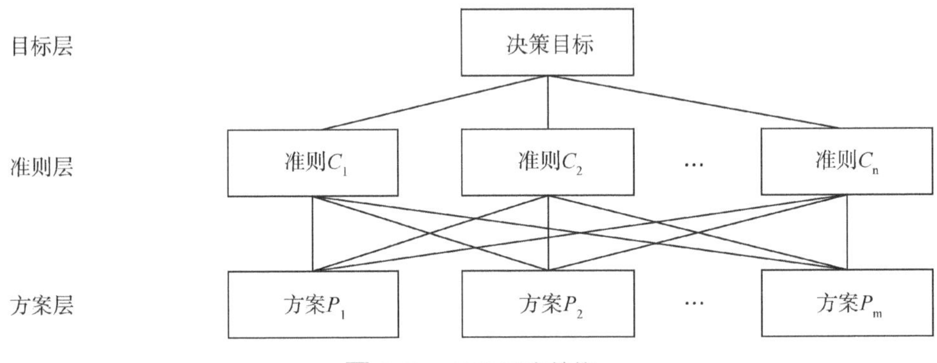

图 2-7　AHP 层次结构

步骤 2　采用九级标度法确定各指标的相对重要程度并构建判断矩阵。重要性标度数值如表 2-2 所示。假设准则层中 n 个指标集合为 $B=\{B_1,B_2,B_3,\dots,B_n\},n\geqslant 2$，则 b_{ij} 为因素 i 与 j 之间的相对重要程度，构建的判断矩阵如表 2-3 所示。

表 2-2　重要性标度数值选取表

重要性标度	重要程度定义	重要性标度	重要程度定义	重要性标度	重要程度定义
1	相同	7	B_i 很强	1/5	B_i 弱
3	B_i 稍强	9	B_i 绝对强	1/7	B_i 很弱
5	B_i 强	1/3	B_i 稍弱	1/9	B_i 绝对弱

表 2-3　判断矩阵

$\boldsymbol{A}$	B_1	B_2	…	B_j	…	B_n
B_1	b_{11}	b_{12}	…	b_{1j}	…	b_{1n}
B_2	b_{21}	b_{22}	…	b_{2j}	…	b_{2n}
⋮	⋮	⋮	⋮	⋮	⋮	⋮

续表

B_i	b_{i1}	b_{i2}	…	b_{ij}	…	b_{in}
⋮	⋮	⋮	⋮	⋮	⋮	⋮
B_n	b_{n1}	b_{n2}	…	b_{nj}	…	b_{nn}

步骤 3　计算各层因素权重，并进行一致性检验。为避免分析结果的主观性与片面性，需要通过一致性检验，当且仅当一致性比率 $CR<0.1$ 时，认为一致性得到满足。其中各指标计算如下：

$$CR = CI/RI \tag{2-37}$$

其中：

$$CI = \frac{\lambda_{\max} - n}{n-1} \tag{2-38}$$

式中，CI 为一致性指标；RI 为平均随机一致性指标；$\lambda_{\max}$ 为矩阵的最大特征值；n 为元素个数。RI 取值如表 2-4 所示。

表 2-4　平均随机一致性指标查询表

维数	1	2	3	4	5	6	7	8	9	10
RI	0	0	0.58	0.90	1.12	1.24	1.32	1.41	1.45	1.49

步骤 4　确定下层元素相对于上层元素的权重系数，获得各层元素对总目标的组合权重。

2.4.4.2　熵权法

熵权法（entropy）根据熵的定义，熵是用来描述在某一给定时刻一个系统可能出现的有关状态的不确定程度[84]。它是物质系统状态的一个函数，表示系统的紊乱程度，是系统无序状态的度量。可以用熵值来判断某个指标的离散程度，其信息熵值越小，指标的离散程度越大，该指标对综合评价的影响（即权重）就越大，如果某项指标的值全部相等，则该指标在综合评价中不起作用。系统熵值按下式确定：

$$H(x) = -C\sum_{i=1}^{m} p(x_i)\ln p(x_i) \tag{2-39}$$

式中，$C=\dfrac{1}{\ln(m)}$；P_i 为系统各状态出现的概率，$i=1,2,...,m$。

基于熵权法确定指标客观权重的步骤如下。

步骤 1　建立多属性决策矩阵。假设有 m 个方案，每个方案包括 n 个评价指标，构建的决策矩阵 $\boldsymbol{R}=(r_{ij})_{m\times n}$，如下式所示：

$$\boldsymbol{R}=(R_1,R_2,...,R_n)^{\mathrm{T}}=(r_{ij})_{n\times m}=\begin{bmatrix} r_{11} & r_{12} & \cdots & r_{1m} \\ r_{21} & r_{22} & \cdots & r_{2m} \\ \vdots & \vdots & \ddots & \vdots \\ r_{n1} & r_{n2} & \cdots & r_{nm} \end{bmatrix} \tag{2-40}$$

式中，$i=1,2,...,m$；$j=1,2,...,n$。

步骤 2　实施属性归一化。基于非比例变换法进行矩阵 R 规范化处理，以确保每个指标属性在 0 到 1 之间取值，保持原始指标属性值的重要性比例关系，得到归一化后的矩阵 $\boldsymbol{X}=(x_{ij})_{m\times n}$。

步骤 3　确定指标熵值 H_j，计算公式如下所示：

$$H_j=-\frac{1}{\ln m}\sum_{i=1}^{m}f_{ij}\ln f_{ij} \tag{2-41}$$

式中，$f_{ij}=x_{ij}/\sum_{i=1}^{m}x_{ij}$，一般按照下式对 f_{ij} 进行修正：

$$f_{ij}=(1+x_{ij})\Big/\sum_{i=1}^{m}(1+x_{ij}) \tag{2-42}$$

步骤 4　计算各评价指标的熵权 w_j''，计算公式如下所示：

$$w_j''=\left(1-H_j\right)\Big/\left(n-\sum_{j=1}^{n}H_j\right) \tag{2-43}$$

2.4.4.3　主客观组合赋权方法

主客观组合赋权方法主要分为加法合成法、乘法合成法、极差最大化组合赋权法和基于客观修正主观的组合赋权方法四种典型方法 [85]。其中，加法合成法是目前较为通用且能够直观反映主客观权重对最终决策方案的影响程度的方法。具体计算方式如下：

$$w=\lambda w'+(1-\lambda)w'' \tag{2-44}$$

式中，w 为指标最终权重值，w' 为各指标的客观权重值，w'' 为各指标的主观权重值；λ 为权重系数，$\lambda \in [0,1]$。

2.5　本章小结

本章首次提出了海岛地区水资源优化配置理论和技术，介绍了海岛水资源配置基本概念和总体原则，分别从水源、用水对象、目标函数和约束条件等方面建立了考虑大陆引水的海岛地区水资源优化配置模型，介绍了模型高效求解方法的原理和步骤，包括 NSGA-Ⅱ、MOEA/D、IBEA、MOGWO 等；探讨了多属性决策矩阵和属性规范化基本理论，介绍了两种常见的多属性决策方法，即 AHP 和熵权法，以及计算主客观权重的步骤。

第 3 章
舟山海岛地区水资源开发利用概况

本章对舟山海岛地区进行介绍，数据资料主要来源于《舟山大陆三期可研报告》《舟山大陆引水二期初设》等项目报告。

3.1 研究区域概况

3.1.1 自然概况

舟山是我国新兴的海岛港口旅游城市，位于我国东南沿海，浙江东北部，长江口东南，钱塘江、甬江的入海交汇处，处于杭州湾外缘东海海域。舟山市介于东经 121°30′—123°25′，北纬 29°32′—31°04′，东起童岛（海礁），濒临公海；西至滩浒岛黄盘山，紧靠杭州湾，与上海金山卫相邻；南自六横西磨盘山，与宁波的象山县相望；北至花鸟山，毗邻江苏的佘山洋。东西长 181.7km，南北宽 169.4km。区域总面积 22216km^2，其中岛屿陆域面积 1256.93km^2，滩涂面积 183.19km^2。市内陆域由 1390 个大小岛屿组成，海岸线总长 2447.87km。区内最大岛屿是舟山岛，东西长 44.7km，南北宽 18.3km，土地总面积 502.65km^2，其中，陆域面积 476.17km^2，滩涂面积 26.48km^2。

舟山海岛地区系浙江境内天台山余脉向东北方向延伸入海的出露部分，属海岛丘陵区，岛屿由高到低呈西南—东北走向。西南部大岛较多，分布密集；东北部多为小岛，分布零散。海域自西向东由浅入深。岛内丘陵起伏，有较多的丘间谷地。全区最高峰为桃花岛对峙山，海拔 544.4m；其次是舟山岛的黄杨尖，海拔 503.6m，其余山的海拔一般为 200~400m。沿海有面积众多的滩涂和盐地，群岛海岸线蜿蜒曲折，总长度 2447.87 km。

舟山海岛地质构造属闽浙隆起地带东北端，地表出露以侏罗纪火山岩及燕山晚期侵入岩为主，另有部分为潜火山岩和变质岩。陆域以丘陵山地为主，土层以较厚的海相沉积为主，少量为海陆交互相沉积，以火山岩分布最为广泛。平原区为第四纪松散沉积物，成因类型复杂，相变频繁。

舟山海岛年平均太阳辐射总量 111.5~117.8kcal/cm^2；年均日照时数在 2101.3~2302.8h，居浙江首位；年平均气温 15.4~17.6□，极端最低气温为 −7.9□，极端最高气温为 39.1□，年平均温差在 20.3~23.3□。舟山海岛多年平均降水量为 1275.2mm（1956—2000 年），地区分布在 1038.1~1553.1mm，全市平均最大年降水量为 1648.5mm（1977 年），最小年降水量为 632.6mm（1967 年），雨日为 91~170d。

舟山海岛水系与大陆分隔，无过境客水，山低源短，水资源基本全靠降水补给；岛屿分散造成地面径流差异大，诸岛水系很不发达，多为季节性间歇河流，兼农田灌溉之功用，全市共有大小河道 495 条，计 683068m，其中定海区 243 条，计 292579m，普陀区 136 条，计 217064m，岱山县 84 条，计 113225m，嵊泗县 10 条，计 15500m，市本级 22 条，计 44700m。岛内河道以平地范围为界，间以山岭，互不相通，独流入海。

西北—东南向的山脊将本岛分为南、北两大片，地势中间高、两边低。该山脊两侧沟谷发育，河流众多，均属浙东北沿海独流入海小水系。根据岛上河流洪水互不影响，独流入海的特性，可将本岛分为若干小流域。其中最大的流域当属尖山嘴至小茶湾，主要河流有临城河、勾山河、芦花河等，总流域面积约为 90km^2。第二大流域为位于北面的白泉流域，上游支流众多，下游水网四通八达，总面积约为 80km^2。

各河流的上游属山溪性河流，洪水暴涨暴落；下游进入平原，河道坡降平缓且受潮汐影响，具有滨海平原河流的特点；入海口均设有闸门，可防御潮水倒灌入内河。小型水库众多，功能以灌溉、供水为主。

3.1.2 社会经济概况

舟山海岛地区下辖两个市辖区（定海区、普陀区）、两个县（岱山县、嵊泗县）。各县（区）的面积分别为：定海区 1444km^2、普陀区 6728km^2、岱山县 5242km^2、嵊泗县 8824km^2，其中陆地面积：定海区 568.8km^2、普陀区 458.6km^2、岱山县 326.83km^2、嵊泗县 86km^2，全市总面积 1440.23km^2。舟山本岛包括定海区、普陀区，主要有解放街道、环南街道、昌国街道、城东街道、盐仓街道、临城街道等 25 个乡镇（街道）。2023 年末全市常住人口 117.3 万人，与 2022 年末常住人口 117.0 万人相比，增加 0.3 万人。

（1）国民经济

根据全省统一初步核算，2023 年舟山市地区生产总值为 2100.8 亿元，按可比价格计算，比上年增长 8.2%。分产业看，第一产业增加值 183.8 亿元，增长 4.0%；第二产业增加值 1004.3 亿元，增长 10.6%；第三产业增加值 912.7 亿元，增长 6.5%。三次产业增加值结构为 8.7 ：47.9 ：43.4。人均地区生产总值 17.9 万元，增长 7.9%。舟山海岛 2008—2023 近 15 年地区生产总值及其增长率如图 3-1 所示。

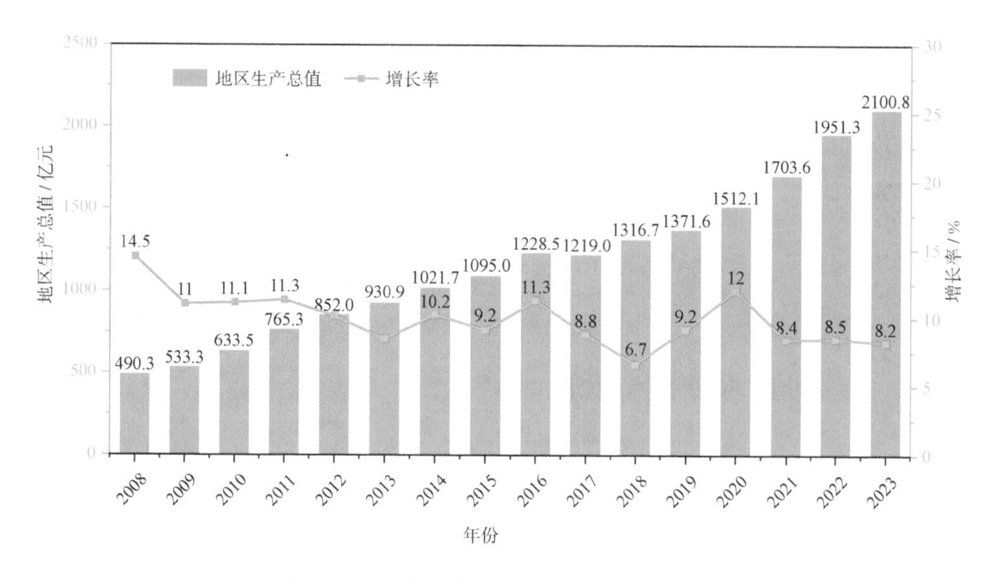

图 3-1 舟山海岛地区生产总值变化趋势

（2）产业经济

舟山海岛2023年全年农作物播种面积16.9千公顷，比上年增长7.3%。其中，粮食播种面积6600千公顷，增长13.1%。全年水产品总产量195.6万吨，增长3.9%。其中，远洋渔业产量79.7万吨，增长8.5%。全市年末海水养殖面积7.07万亩，增长18.3%；海水养殖产量31.3万吨，增长5.2%。全年全市规模以上工业增加值比上年增长16.6%。其中规模以上工业高新技术产业增加值增长18.6%，占规模以上工业增加值比重82.3%；规模以上工业装备制造业增加值增长19.4%。全年固定资产投资比上年增长8.1%。其中，项目投资增长16.5%，工业投资和基础设施投资分别增长1.8%和53.5%。

（3）人口概况

舟山海岛地区在2020年第七次全国人口普查中常住人口1157817人，与2010年第六次全国人口普查的1121261人相比，十年共增加36556人，增长3.26%，年平均增长率为0.32%。全市共有家庭户489082户，集体户33747户，家庭户人口为1052588人，集体户人口为105229人。平均每个家庭户的人口为2.15人，比2010年第六次全国人口普查的2.39人减少0.24人。全市常住人口中，定海区常住人口358720人、普陀区347634人、岱山县207982人，嵊泗县66903人，新城区169164人，普陀山7414人。全市常住人口中，居住在城镇的人口为832390人，占71.89%；居住在乡村的人口为325427人，占28.11%。与2010年第六次全国人口普查相比，城镇人口增加了119333人，乡村人口减少了82777人，城镇人口比重上升了8.3个百分点。人口数量的增加以及城镇人口比例的上升，使得用水户需水量不断增加，这些都为舟山海岛地区的水资源供给带来了压力。

3.1.3 海岛地区水利工程概况

新中国成立以来，舟山在淡水资源开发利用上投入了大量的资金和人力，至2002年底，全市已建有小（二）型以上水库199座，其中中型水库1座，小（一）型水库29座，小（二）型水库169座，另建有10万m^3以下库、塘1170座。全市总蓄水量13389.53万m^3，其中水库11861.41万m^3，这些水库在供水、灌溉、水产养殖等方面发挥了很大的作用。

本书主要以舟山本岛作为对象，进行海岛水资源优化配置相关研究。舟山本岛的水利工程设施范围内包括27个水库，4个水厂。水库通过泵站抽水、自流或是虹吸等方式对水厂进行供水，在管道运输过程中，涉及17个泵站的工作。汇总整理水库的基础数据信息如表3-1所示。

表3-1 研究区域水库数据信息

水库名称	死水位/m	死库容/万 m^3	正常蓄水位/m	正常库容/万 m^3	保库库容/万 m^3	库面面积/km^2
虹桥水库	12.00	12.00	33.65	1015.00	140	0.980
黄金湾水库	2.00	84.00	10.00	851.00	100	—
岑港水库	14.20	14.20	34.00	627.00	50	0.500
城北水库	45.00	45.00	56.20	111.10	20	0.200
蚂蟥山水库	17.15	17.15	31.85	286.40	40	0.400
叉河水库	35.08	35.08	43.58	185.00	40	0.400
狭门水库	42.00	42.00	59.20	240.00	35	0.300
红卫水库	36.00	36.00	55.00	76.10	15	0.100
龙潭水库	暂无	暂无	71.72	133.60	20	0.100
应家湾水库	6.10	6.10	21.10	119.20	30	0.100
南岙水库	15.80	15.80	30.20	66.70	10	0.100
沙田岙水库	20.80	20.80	39.50	116.50	20	0.100
大使岙水库	49.10	49.10	63.00	254.00	70	0.300
展茅平地水库	1.00	1.00	7.50	317.20	30	0.600
勾山水库	0	4.59	19.00	170.00	30	0.200
陈岙水库	59.00	59.00	77.00	195.20	73	0.300
洞岙水库	47.50	47.50	63.30	384.00	104	0.456
长春岭水库	34.30	34.30	58.30	368.30	30	—
吕门里水库	49.49	49.49	68.35	179.50	20	0.200
白泉岭下水库	12.56	12.56	28.06	177.40	15	0.200
金林水库	40.48	40.48	55.48	125.90	15	0.200
团结水库	30.40	30.40	46.40	106.60	15	0.100
东岙弄水库	8.70	3.40	23.61	159.84	15	0.200
芦东水库	54.00	54.00	69.50	118.50	35	0.200
姚家湾水库	31.09	31.09	48.60	105.00	15	0.100

3.2 海岛地区水资源概况

根据《舟山市水资源调查评价》《舟山市水资源综合规划》等成果，舟山海岛地区多年平均降水量为16.0亿m^3，多年平均地表径流量为6.92亿m^3，多年平均径流系数为0.43，平均产流模数为55.0万m^3/km^2；多年平均地下水资源量为1.62亿m^3，地下水资源与地表水资源间的重复计算量为1.62亿m^3，全市水资源总量为6.92亿m^3，各行政区多年平均水资源总量如表3-2所示。按照各分区1956—2000年水资源总量系列，50%、75%、90%、95%保证率下的水资源量如表3-3所示，全市（嵊泗县除外）主要岛屿不同保证率下水资源量如表3-4所示。

表3-2 舟山海岛地区各行政区水资源量

行政区	计算面积/km^2	河川径流/万m^3	河川基流/万m^3	地下水资源/万m^3	水资源总量/万m^3	降水入渗系数	产水系数	产水模数/万m^3/km^2
定海区	531.1	33551	7717	7717	33551	0.11	0.46	63.2
普陀区	388.8	21805	5015	5015	21805	0.10	0.44	56.1
岱山县	269.1	11825	2720	2720	11825	0.09	0.38	43.9
嵊泗县	67.9	1985	700	700	1985	0.10	0.28	29.2
全市	1256.9	69165	16152	16152	69165	0.10	0.43	55.0

表3-3 舟山海岛地区各行政区不同保证率水资源总量特征值

行政区	不同保证率水资源总量/万m^3			
	50%	75%	90%	95%
定海区	32036.0	24563.0	18927.0	16035.0
普陀区	20600.0	15298.0	11409.0	9441.6
岱山县	10734.0	7224.7	4837.0	3708.9

续表

行政区	不同保证率水资源总量 / 万 m^3			
	50%	75%	90%	95%
嵊泗县	1599.1	851.4	432.1	271.0
全市	64973.0	47485.0	34815.0	28480.0

表 3-4　舟山海岛地区各行政区不同保证率水资源总量特征值

分区	主要岛屿	不同保证率水资源总量 / 万 m^3			
		50%	75%	90%	95%
定海区	金塘岛	4953	3798	2926	2479
普陀区	六横岛	5796	4305	3210	2657
	朱家尖岛	4018	2984	2225	1842
	桃花岛	2354	1748	1304	1079
岱山县	衢山岛	2935	1975	1322	1014
	秀山岛	1050	707	473	363

3.3　大陆引水工程概况

舟山海岛地区拥有丰富的港口资源，但是资源性缺水问题非常严重。舟山海岛地区呈低山丘陵地貌，汇流分散。淡水资源主要为河川径流及少量的降水补给的浅层地下水层。岛内用水紧缺，供需严重不平衡，影响着当地居民生活水平的提高和社会经济的发展。因此，在舟山海岛地区无法实现自给自足的情况下，为解决舟山海岛地区水资源短缺的问题，非常有必要建设大陆引水工程。目前已建设有一期、二期、三期大陆引水工程。

一期大陆引水工程自 2003 年 8 月 21 日启用至今，一直平稳地运行，有效地保障了舟山海岛居民生活生产对水资源的需要。2003—2004 年，舟山遭遇了 50 年一遇的严重干旱，一期工程满负荷运行，有力地保障了舟山经济社会持续快速稳定发展。二期工程地跨宁波、舟山海岛两地，横穿其间的灰鳖洋海域。工程取水口位于宁波市郊李溪渡村附近的姚江河道。引水工程设计引水规模为 24.2 万 m^3/ 天，设计引水流量为 $2.8m^3/s$。在舟山群岛成立新区之后，经济发展迅速，对水资源的需求也随之大幅增加，基于一、二期大陆引水工程已经很难满足舟山海岛地区在新规划下经济发展对水资源的需求量，因此舟山海岛地区开始了三期大陆引水工程的建设。三期大陆引水工程的取水口依然设置在宁波姚江李溪渡，但其引水水源是作为浙东引水工程的组成部分进行多水源优化配置后的复合水源。工程设计引水流量为 $1.2m^3/s$，输、配水设计流量为 $5.0m^3/s$。

2008—2017 年舟山海岛地区的供水、大陆引水情况统计表如表 3-5 所示。

表 3-5　2008—2017 年海岛地区供水、大陆引水情况统计表

年份	降雨量 /mm	翻水入库量 / 万 m^3	供水厂原水量 / 万 m^3	大陆引水 / 万 m^3	大陆引水占供水量比例 /%
2008	1404	480	4966	489	10
2009	1448	332	5367	888	17
2010	1395	783	5664	1197	21
2011	1108	820	6552	2603	40
2012	1769	759	6792	1441	21
2013	1243	346	7428	2438	33
2014	1435	452	7959	3148	40
2015	1730	553	8213	3612	44
2016	1601	281	8256	2886	35
2017	1283	424	8325	4652	56

3.4　舟山海岛地区水资源配置存在问题

舟山海岛的水源主要包括本地水资源和大陆引水，本地水资源主要作为

各岛居民生活和工农业用水，大陆引水主要作为舟山海岛及周边岛屿的生活和工业用水。海水淡化水为辅助水源，其除了补充舟山海岛的工业用水外，还将成为边远岛屿的重要水源，供给居民生活和工业生产。再生水及雨水为补充水源，主要用途包括各岛的生活杂用和绿化景观以及农业用水，处理后也可作为工业用水。

目前，“舟山发展水为先”已在全市形成共识，实行最严格的水资源管理、优先确保供水安全成为全市上下共同的行动。近年来，舟山海岛相继建成了大陆引水一、二期工程，可年引水8800万 m^3，年引水3900万 m^3 的大陆引水三期工程也已动工建设。目前全市年管网供水量约为1.15亿 m^3，来自本地水库的水量约为7000万 m^3，来自大陆引水约为3500万 m^3，海水淡化水等水源约为1000万 m^3。

随着大陆引水工程的建设，舟山海岛虽然基本解决了水资源量的短缺问题，但由于大陆引水成本较本地水资源高、水质保护难度大，加之海岛水库库容小、调蓄能力差、饮用水水资源短缺瓶颈短期内仍难以突破，因此切实加强本地水资源管理、充分挖掘本地水资源潜力、确保区域供水安全仍然是当前舟山海岛地区水资源管理的首要任务。

现阶段，舟山海岛地区水资源利用主要存在的问题如下所示。

（1）舟山海岛地区的水资源短缺现象严重

据统计，舟山海岛地区平均地面水资源量约为6.917亿 m^3，地下水资源量约为1.615亿 m^3，仅占年水资源总量的0.7%。舟山年均降雨量虽较大，但蒸发量很高，年平均蒸发量达800~850mm。舟山人均水资源总量约为707m^3，低于世界人均缺水警戒线1000m^3。舟山降水过程与需水时间并不完全匹配。因河道偏窄且水库等水利工程的蓄洪能力偏弱，难以对水资源加以充分地利用，难以做到年内水资源的丰水补枯水的分配；而随着社会工业农业的发展，人们对水资源的需求日益上升，在干旱年份的供水保证率更是难以满足。

（2）舟山海岛原有的水资源开发利用管理状况较为混乱

舟山海岛资源型缺水问题突出，目前本地水源与大陆引水相结合是舟山海岛的主要供水状态。由于历史、政策原因，在舟山海岛的水资源开发利用问题上，原水管理中心、区水行政主管部门、乡镇三方的管理身份和管理边界较为模糊，这严重影响了区域间水资源调度管理的有序实施。因此，有必要首先对舟山海岛的水资源配置现状与运行管理状况进行调查研究，再基于现状调查明确各方权利主体的权责。

（3）大陆引水的成本较高导致经济压力较重

由于舟山海岛水资源不能完全满足当地人民的生活需水要求，故需要向大陆引水，而大陆引水的成本高于舟山海岛水的成本投入（包括水资源费、水费、运输电费以及其他费用），故在一定程度上加重了舟山市政府及人民的经济压力。

（4）舟山海岛为蓄水工程能力弱的工程型缺水地区

在工程方面，舟山海岛地区可开发的水资源约为3.47亿m^3，当地淡水资源存量开发率高达37.3%，略高于全省水资源开发利用平均水平的35.4%，达到国际高开发标准；但是因为目前高程度的开发利用，舟山海岛的水环境出现明显的脆弱现象。国际上普遍认同同一条河流的调水不应超过河道流量的20%，而用水应该小于40%，故对于舟山海岛地表水的开发也许已经达到瓶颈。而因为台风季节降雨集中，且舟山岛屿众多又分散，故流域的集水面积小，汇流和蓄水的能力非常有限。丰水期难以蓄水，枯水期缺水却得不到足够的补偿，造成季节性缺水现象。而在集中降雨时期，因为河流的断面较小，分洪能力不够，容易造成洪水和内涝等自然灾害，使得60%以上的降水流入大海而造成水资源的极大浪费。目前舟山海岛地区已有的水库以中小型为主，年际分配径流能力不足，蓄水能力较差，故称之为工程型缺水地区。

（5）水资源基础建设仍较薄弱

截至2020年12月前，舟山海岛地区用水缺乏足够的计量设施，难以掌握实际用水情况，严格控制用水量。计量设施的缺乏使实现海岛水资源的统一调度和精细化管理受到了较大的限制。因此，加强相关基础工程建设是实现舟山海岛水库群水资源精细化管理的必要保障。

3.5　本章小结

本章从自然地理、社会经济和水利工程三方面介绍舟山海岛地区区域概况，阐述舟山海岛地区的水资源开发利用现状，介绍大陆引水工程特性，总结舟山海岛地区水资源配置存在的问题，提出海岛水库群水资源精细化和智慧化管理的必要性。

第4章 基于多种递归神经网络的海岛地区水库群径流预报

海岛地区由于其独特的河流水系特征，一般无大型过境河流，导致其供水工程以小型水库群为主，入库径流量偏小甚至断流，极大地影响模型预报精度，选择合适的预报模型能够提高海岛地区短期径流预报性能。本章以浙江舟山海岛作为研究区，对其25个供水水库的短期入库径流分别建立基于多种递归神经网络的径流预报模型，深入评估不同递归神经网络模型在不同预报因子、不同预见期、不同集水面积、不同参数的径流预报效果，为将神经网络模型应用于海岛地区水文预报和水库运行调度提供参考。

4.1 基于递回归神经网络的径流预报模型

4.1.1 预报模型介绍

递归神经网络（recurrent neural network, RNN）与其他神经网络一样，由输入层，隐藏层和输出层组成[46, 47]。区别于一般神经网络，RNN隐藏层中的神经元不仅能从输入层中接收信息，还可以接收神经元从上一个时刻所感知的信息。RNN的计算公式为：

$$S_t = f\left(\boldsymbol{U} \cdot x_t + \boldsymbol{W} \cdot S_{t-1}\right), O_t = g\left(V \cdot S_t\right) \tag{4-1}$$

式中，f 与 g 表示神经网络的激活函数，$\boldsymbol{W}$ 和 $\boldsymbol{U}$ 是权重矩阵；x_t，S_t，O_t 分别表示 t 时刻输入层、隐藏层和输出层。

长短时记忆结构（long short term memory，LSTM）模型[39]是Hochreiter和Schmidhuber针对基本RNN（SRNN）在学习较长时间序列时存在的梯度消失问题提出的改进模型。该模型能够确定要保留的信息、要保留的时间，以及何时从存储单元读取信息。相对比RNN模型，LSTM模型有“遗忘门”“输入门”“候选细胞”“细胞单元”“输出门”和“隐含层”六个单元，如下式所示[48]：

遗忘门： $$f_t = \sigma(W_f x_t + U_f h_{t-1} + b_f) \quad (4\text{-}2)$$

输入门： $$i_t = \sigma(W_i x_t + U_i h_{t-1} + b_i) \quad (4\text{-}3)$$

候选细胞： $$\tilde{c}_t = \tanh\left(W_{\tilde{c}} x_t + U_{\tilde{c}} h_{t-1} + b_{\tilde{c}}\right) \quad (4\text{-}4)$$

细胞单元： $$c_t = f_t \odot c_{t-1} + i_t \odot \tilde{c}_t \quad (4\text{-}5)$$

输出门： $$o_t = \sigma(W_o x_t + U_o h_{t-1} + b_o) \quad (4\text{-}6)$$

隐含层： $$h_t = o_t \tanh \odot c_t \quad (4\text{-}7)$$

式中，$W_f, W_i, W_{\tilde{c}}, W_o$ 和 $U_f, U_i, U_{\tilde{c}}, U_o$ 为模型权重参数，b_f, b_i, b_o 为偏移系数；σ 为激活函数，tanh为双曲正切函数。

门控循环单元结构（gated recurrent unit，GRU）模型[45]神经元通过添加“更新门”和“输出门”的结构替换原有的RNN神经元，是LSTM一种效果很好的变体，较LSTM网络的结构更加简单，运算速度明显提高。其可通过选择性地记忆反馈的误差函数随梯度下降的修正参数，从而实现时间上的记忆功能，并防止梯度消失，克服RNN结构缺陷。GRU各变量之间的关系如式（4-8）至式（4-11）所示：

更新门：
$$r_t = \sigma\left(W_r x_t + U_r h_{t-1} + b_r\right) \quad (4\text{-}8)$$
$$z_t = \sigma\left(W_z x_t + U_z h_{t-1} + b_z\right) \quad (4\text{-}9)$$

候选隐含： $$\tilde{c}_t = \tanh\left[W_{\tilde{c}} x_t + U_{\tilde{c}}\left(r_t \odot h_{t-1}\right) + b_{\tilde{c}}\right] \quad (4\text{-}10)$$

隐含输出层： $$h_t = \left(1 - z_t\right) \odot h_{t-1} + z_t \odot \tilde{c}_t \quad (4\text{-}11)$$

式中，$W_r, W_z, W_{\tilde{c}}$ 为模型权重参数，$b_r, b_z, b_{\tilde{c}}$ 为偏移系数，σ 为激活函数。

4.1.2 预报模型建立

为便于比较，SRNN 模型、LSTM 模型和 GRU 模型将在输入节点上保持一致，参考 Zuo 等 [44] 模型参数设置方式，均采用 TensorFlow 默认参数作为多种 RNN 模型起始参数：隐藏层层数均设定为 1 层，隐藏层内神经元数量取值为 8，Dropout 概率为 0.1，学习率设定为 0.0005，批处理量参数设置为 252，最大训练代数为 1000 代，模型优化算法选择自适应矩估计算法，同时选择均方误差（MSE）作为优化过程中的目标函数：

$$\mathrm{MSE}=\frac{1}{N}\sum_{i=1}^{N}\left(Q_{m,i}-Q_{o,i}\right)^2 \tag{4-12}$$

式中，i 为第 i 个时刻；N 为总时间步长数；$Q_{m,i}$ 为 i 时刻径流预测数据，单位为 m^3/s；$Q_{o,i}$ 为 i 时刻径流观测数据，单位为 m^3/s。

以输入因子为依据的预测模型大致分为三类：仅考虑历史径流信息的径流预测模型、基于历史径流序列和历史气象信息径流预测模型，以及基于历史径流序列和气象预报信息的径流预测模型。因此，本章基于是否考虑历史观测气象信息和是否考虑未来预报气象信息，对三个预报模型均建立以下三种预报因子模型，其中模型 1（S1）仅考虑径流信息，模型 2（S2）同时考虑历史气象信息（降雨、蒸发）和径流信息，模型 3（S3）同时考虑气象信息（历史观测、未来预报）和径流信息。其中，Q_a，P_a，E_a 分别代表历史径流、降水和蒸发观测信息，P_f，E_f 代表未来降水、蒸发预报信息。

$$\begin{aligned}
&\mathrm{S1}:Q_{i+1}^{f}=f\left(Q_a\right)\\
&\mathrm{S2}:Q_{i+1}^{f}=f\left(Q_a,P_a,E_a\right)\\
&\mathrm{S3}:Q_{i+1}^{f}=f\left(Q_a,P_a,E_a,P_f,E_f\right)
\end{aligned} \tag{4-13}$$

进一步，通过分析水库入库径流量（Q）与降雨（P）、蒸发（E）的互相关关系，以及径流量自相关关系筛选预报模型的输入因子。虹桥水库和平地水库入库日径流在率定期和验证期统计特性情况如表 4-1 所示。分别以虹桥水库和平地水库的 1d 预见期 Q_{t+1} 径流预报为例，说明因子筛选过程：通过分析滞时为 1~20d 的日径流互相关系数和偏相关系数（如图 4-1 所示）进行预报因子筛选，其预报因子选择结果如表 4-2 所示。其中，仅考虑径流信息时，虹桥水库选择 1d、2d、3d、6d 的日平均径流作为影响因子，平地水库选择 1d、2d、3d、5d 的日平均径流作为影响因子，其他以此类推。

表 4-1　虹桥水库和平地水库在率定期和验证期日径流资料统计特性

水库	阶段	最大流量 /(m³/s)	最小流量 /(m³/s)	平均值 /(m³/s)	标准差 /(m³/s)	偏态系数
虹桥	训练	13.46	0	0.13	0.57	11.59
	检验	19.55	0	0.21	1.10	12.11
平地	训练	2.87	0.01	0.09	0.15	8.54
	检验	3.80	0.01	0.13	0.26	8.09

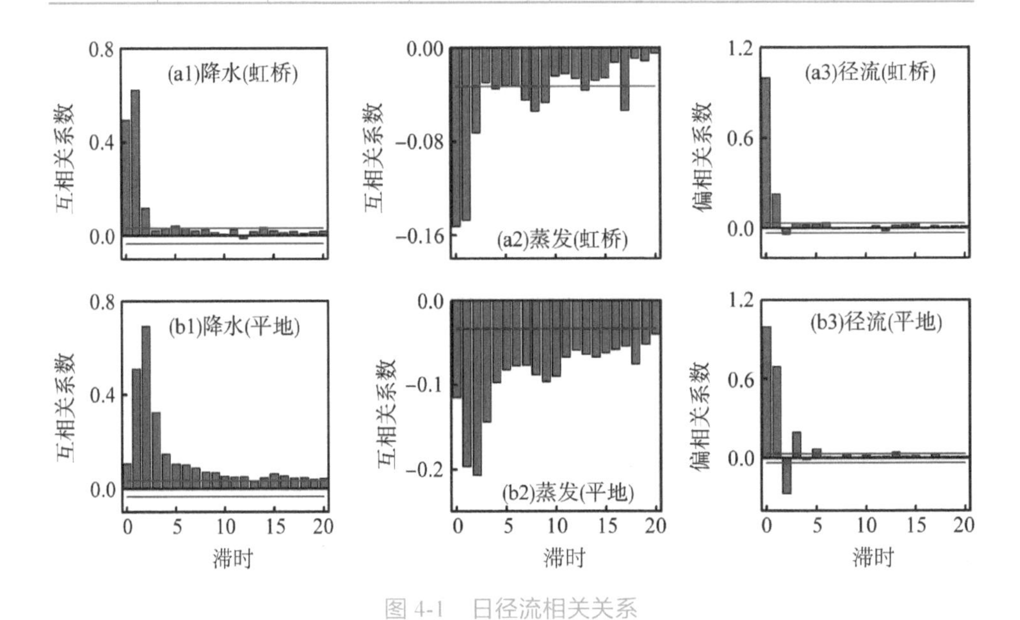

图 4-1　日径流相关关系

表 4-2　虹桥水库和平地水库预报因子筛选结果

组合	虹桥水库	平地水库
S1	Q_t, Q_{t-1},Q_{t-2}, Q_{t-5}	Q_t, Q_{t-1}, Q_{t-2}, Q_{t-4}
S2	Q_t, Q_{t-1}, Q_{t-2}, Q_{t-5} P_t, P_{t-1}, P_{t-4}, P_{t-5} E_t, E_{t-1}, E_{t-3}, E_{t-6}	Q_t, Q_{t-1}, Q_{t-2}, Q_{t-4} P_t, P_{t-1}, P_{t-2}, P_{t-3}, P_{t-4}, P_{t-5}, P_{t-6} E_t, E_{t-1}, E_{t-2}, E_{t-3}, E_{t-4}, E_{t-5}, E_{t-6}
S3	Q_{t+1}, Q_t, Q_{t-1}, Q_{t-2}, Q_{t-5} P_{t+1}, P_t, P_{t-1}, P_{t-4}, P_{t-5} E_{t+1}, E_t, E_{t-1}, E_{t-3}, E_{t-6}	Q_{t+1}, Q_t, Q_{t-1}, Q_{t-2}, Q_{t-4} P_{t+1}, P_t, P_{t-1}, P_{t-2}, P_{t-3}, P_{t-4}, P_{t-5}, P_{t-6} E_{t+1}, E_t, E_{t-1}, E_{t-2}, E_{t-3}, E_{t-4}, E_{t-5}, E_{t-6}

4.1.3　模型评价指标选取

本章选取纳什系数（NSE）、均方根误差（RMSE）、平均绝对误差（MAE）作为模型预报性能评价指标，计算公式如下所示：

$$\mathrm{NSE}=1-\frac{\sum_{i=1}^{N}\left(Q_{m,i}-Q_{o,i}\right)^{2}}{\sum_{i=1}^{N}\left(Q_{o,i}-\bar{Q}_{o}\right)^{2}} \tag{4-14}$$

$$\mathrm{RMSE}=\sqrt{\frac{1}{N}\sum_{i=1}^{N}\left(Q_{m,i}-Q_{o,i}\right)^{2}} \tag{4-15}$$

$$\mathrm{MAE}=\frac{1}{N}\sum_{i=1}^{N}\left|Q_{m,i}-Q_{o,i}\right| \tag{4-16}$$

式中，i 为第 i 个时刻；N 为总时间步长数；$Q_{m,i}$ 为 i 时刻径流预测数据，单位为 m^3/s；$Q_{o,i}$ 为 i 时刻径流观测数据，单位为 m^3/s；$\bar{Q}_o$ 为观测数据的平均值，单位为 m^3/s。NSE 介于 $(-\infty,1]$，取值为 1 时表示模型结果完美拟合实测值；RMSE 和 MAE 取值范围为 $[0,+\infty)$，取值为 0 时说明模型拟合效果最好，单位为 m^3/s。

根据《水文情报预报规范（GB/T 22482—2008）》，使用合格率一次预报的误差小于许可误差时，为合格预报。考虑到海岛地区径流偏小，经常出现断流现象，预报许可误差取径流实测值的 30%。合格预报次数与预报总次数之比的百分数为合格率，表示多次预报总体的精度水平。合格率按下式计算：

$$QR=\frac{n}{m}\times 100\% \tag{4-17}$$

式中，QR 为合格率，n 为合格预报次数，m 为预报总次数。

4.2　研究数据

本章拟采用定海、沈家门、大沙、长春岭 4 个雨量站的逐日降水资料，长春岭水文站逐日蒸发气象资料、径流资料以及 25 个水库逐日平均入库流量资料。数据长度为2002—2008年。其中2002—2006年为率定期，2007—2008为验证期。考虑本章的研究重点不在于耦合气象的径流预报，而在于说明引入气象数据及气象预报数据对提高径流预报精度的作用，因此本章气象预测数据采用历史实测数据替代。舟山岛水库群之间水力联系不明显，因此在预报过程中主要考虑水库自身集水面积径流，探讨在相同气象条件下不同集水面积的径流预报效果。

4.3 结果与分析

4.3.1 不同预报因子组合性能比较

本章研究分别以三种预报因子组合（S1，S2，S3）作为三种RNN模型对舟山岛25个水库群逐日入库径流进行训练和检验。为进一步评估不同RNN模型预报性能的有效性，本章选择LSSVM模型、BP模型作为对比模型。本章基于灰狼算法（GWO）对LSSVM模型进行参数优选；BP模型参数学习率设定为0.0005，其余参数采用默认值。两者最大训练代数均为1000代。

对25个水库相应性能指标取平均，表4-3为不同预报因子的性能评价指标（NSE、RMSE、MAE）平均值的对比情况（以预见期1d为例）。在预见期1d情况下，三种预报组合的预报精度为：S3>S2>S1。其中，组合S1率定期和验证期内的NSE均小于0.6，组合S2的NSE为0.70~0.85，组合S3最大且可达到0.8以上；而S1的RMSE和MAE也明显较其他两种预报组合大，说明引入气象信息明显较仅考虑径流时间序列信息的预报精度更高。S2与S3相比，在预见期1d时仅未考虑当前预报时段的气象信息，由于前期气象信息对面临时段的径流影响较大，因此导致S2与S3差距较小，但仍可说明耦合预报气象信息可以提高预报准确性。

同时，参考董磊华等[87]的研究成果，本章按照舟山岛径流量特征将流量分为三个等级：流量从大到小排序后，前10%的大流量定为高水，中间50%的流量定为中水，后40%的小流量定为低水。不同预报因子在三个不同流量等级的合格率对比情况如表4-4所示。三种RNN模型在高水和中水可达到乙级、丙级标准，而低水部分效果较差。相比 NSE 等其他指标，合格率指标普遍不高。这是因为舟山岛入库径流量普遍偏低，例如，虹桥水库作为区域内最大集水面积水库，其 2002—2008 年逐日最大径流量仅为 19.55m^3/s。然而，针对较小的径流量，即使预测值相对实测值波动较小，也会导致较大的偏差，因此应考虑所有水库在内的合格率平均值，即使 NSE 等其他指标表现良好，也会出现效果普遍一般的结果。尤其是低水部分，其径流量非常小（大部分水库逐日入库径流 <0.01m^3/s），严重影响了合格率计算。

进一步可知，三种 RNN 模型在预报因子组合 1（S1）下无明显差别，在预报因子组合 2（S2）下 SRNN 模型与其他两种模型相比较稍差，而在预报因子组合 3（S3）下 SRNN 模型明显较其他两种模型差。对比 LSTM 模型和 GRU 模型，在组合 S2 下，GRU 模型对应的三个性能指标在率定期均优于 LSTM 模型，而在组合 S3 下，LSTM 模型无论在率定期还是验证期均优于 GRU 模型，说明没有绝对的最优模型。然而，实际水文预报一般可通过耦合降雨预报信息提高预报精度，因此在实际预报时可选择 LSTM 模型作为预报模型。

对比 LSSVM 模型和 BP 模型可知，两者在率定期的预报精度均优于 RNN 模型，但过分地追求训练集上的预报精度而丧失了通用性，这导致在测试集上预报精度的下降，出现过拟合现象。尤其是 LSSVM 模型，其在组合 S2 和 S3 下训练阶段的 NSE 系数可达 1，RMSE 和 MAE 为 0，但其在验证阶段效果极差，NSE 均小于 0.1。然而，三种 RNN 模型的性能评价指标在率定期和验证期均表现良好，主要因为 RNN 模型能够将过去信息选择性传递给当前预报阶段，说明了 RNN 模型具有较好的泛化能力和稳定的性能。

表 4-3 不同预报因子的性能评价指标平均值的对比

评价指标	模型	S1		S2		S3	
		率定期	验证期	率定期	验证期	率定期	验证期
NSE	SRNN	0.5415	0.4280	0.7688	0.7117	0.9297	0.8159
	LSTM	0.5347	0.4178	0.8157	0.7342	0.9816	0.8762
	GRU	0.5263	0.4238	0.8321	0.7389	0.9689	0.8572
	BP	0.6039	0.3281	0.9490	−0.1018	0.9882	0.4457
	LSSVM	0.7739	0.0221	1.0000	0.0340	1.0000	0.0708

续表

评价指标	模型	S1		S2		S3	
		率定期	验证期	率定期	验证期	率定期	验证期
RMSE /(m^3/s)	SRNN	0.1599	0.3155	0.1137	0.2234	0.0625	0.1773
	LSTM	0.1611	0.3181	0.1016	0.2146	0.0314	0.1439
	GRU	0.1625	0.3166	0.0972	0.2105	0.0398	0.1578
	BP	0.1487	0.3368	0.0524	0.3770	0.0240	0.3013
	LSSVM	0.1119	0.3974	0	0.3932	0	0.3851
MAE /(m^3/s)	SRNN	0.0510	0.0769	0.0361	0.0596	0.0256	0.0508
	LSTM	0.0508	0.0769	0.0318	0.0581	0.0157	0.0446
	GRU	0.0532	0.0781	0.0311	0.0597	0.0182	0.0469
	BP	0.0465	0.0852	0.0216	0.0949	0.0124	0.0693
	LSSVM	0.0181	0.1195	0	0.1230	0	0.1100

表 4-4　不同预报因子在三个不同流量等级的合格率对比

模型	径流	S1		S2		S3	
		率定期	验证期	率定期	验证期	率定期	验证期
SRNN	低水	10.3	14.5	43.7	39.9	43.7	47.0
	中水	21.2	24.8	53.9	49.0	71.3	68.6
	高水	27.1	32.7	62.5	56.5	80.0	75.6
LSTM	低水	9.9	14.8	42.6	39.3	42.2	46.0
	中水	24.1	27.6	59.9	52.8	74.7	64.3
	高水	36.3	40.6	75.9	65.1	91.8	70.0
GRU	低水	9.1	13.7	40.5	38.0	42.1	47.7
	中水	22.2	26.0	59.1	50.3	76.2	64.9
	高水	33.1	36.2	72.5	61.9	88.9	71.8
BP	低水	29.2	18.7	83.4	23.8	91.3	12.3
	中水	97.6	8.7	98.1	30.9	97.7	0.6
	高水	97.8	13.7	98.3	37.9	98.3	1.5

续表

模型	径流	S1		S2		S3	
		率定期	验证期	率定期	验证期	率定期	验证期
LSSVM	低水	14.2	19.2	46.8	40.2	49.7	41.9
	中水	36.0	40.3	67.9	55.2	84.8	44.8
	高水	41.9	46.3	78.7	64.4	94.0	58.5

进一步，以虹桥水库和平地水库 2008 年预报日径流结果对比分析 RNN 模型的预报有效性，如图 4-2 所示。由图可知在三种预报因子组合下，五种模型对虹桥水库的预报效果均较平地水库差，尤其在预报因子组合 S1 下虹桥水库的 NSE 系数为 −0.02~0.01，而平地水库的 NSE 系数为 0.23~0.70。以上说明采用相同的模型结构参数、相同的神经网络模型对不同特征径流的模拟效果不同。针对海岛地区小水库群，高水预报若被高估，水库提前放水，将影响后续供水效益；而高水若被低估，由于水库集水蓄存能力有限，将导致水资源被浪费，且易造成洪水和内涝等自然灾害，因此，高水流量模拟的准确性对供水安全影响较大。对于虹桥水库，几种模型均对高水的预报有所低估，但是该现象随气象数据（S2）和预报气象数据（S3）的引入而有所改善。对于平地水库，其在三种预报因子组合下，三种 RNN 模型对高水和低水均有很好的预报精度；LSSVM 模型对高水预报效果差，基本难以捕捉高水；而 BP 模型则对高水存在明显的高估现象。以上说明 RNN 模型对舟山岛的日径流预报优于 LSSVM 模型和 BP 模型。

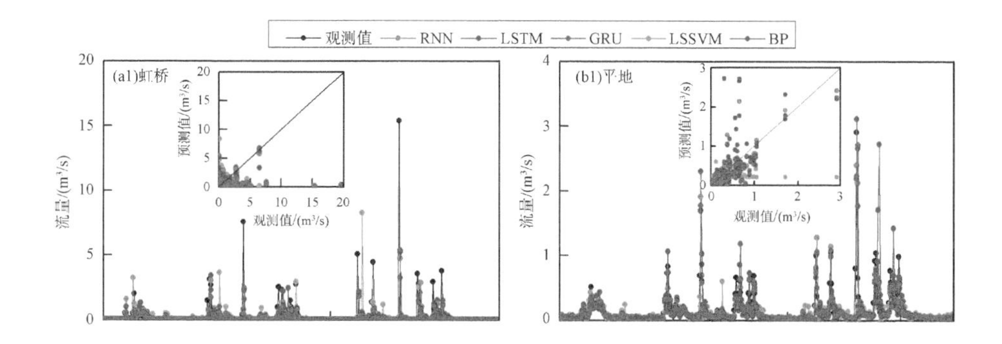

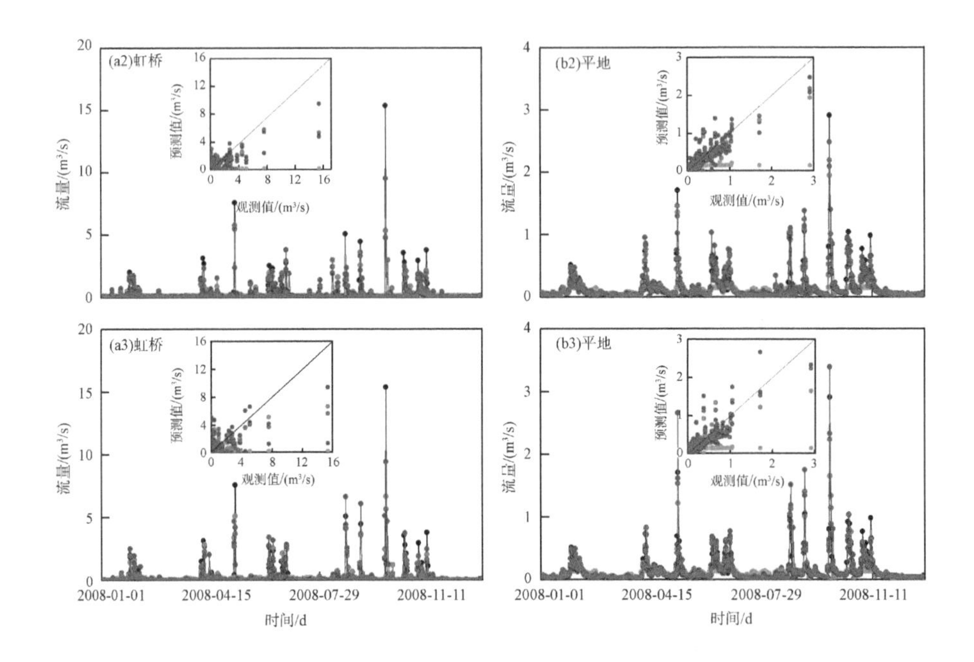

图 4-2　不同预报因子下预见期 1d 预报结果

4.3.2　不同预见期性能比较

水文预报除了关注预报精度外，预见期的长短对于指导水库调度运行也有重要的意义。对于水库运行，往往需要预测未来一周的日径流情况以制订水库运行的周计划，因此针对三种预报因子，分别建立预见期为 1~7d 的预测模型，研究模型的三个性能指标 NSE、RMSE 和 MAE 随预见期延长的变化情况。以组合预报 S2 说明预见期为 1~7d 的预测模型建立过程：

$$
\begin{aligned}
&\text{1d: } Q_{t+1}^{f}=F\left(Q_t,Q_{t-1},\dots,Q_{t-k},E_t,E_{t-1},\dots,E_{t-k},P_{t-1},\dots,P_{t-k}\right)\\
&\text{2d: } Q_{t+2}^{f}=F\left(Q_t,Q_{t-1},\dots,Q_{t-k},E_t,E_{t-1},\dots,E_{t-k},P_{t-1},\dots,P_{t-k}\right)\\
&\dots\\
&\text{7d: } Q_{t+7}^{f}=F\left(Q_t,Q_{t-1},\dots,Q_{t-k},E_t,E_{t-1},\dots,E_{t-k},P_{t-1},\dots,P_{t-k}\right)
\end{aligned}
\tag{4-18}
$$

对其他两种组合均按照以上方式建立预见期 1~7d 的直接预报模型。图 4-3 为率定期和验证期内各个性能指标平均值随预见期的变化过程。在每个预见期下，三种 RNN 模型预报精度均为 S3>S2>S1。随着预见期的延长，在预报因子组合 S1 和 S2 下，三种模型的 MAE 和 RMSE 值均不断增大，NSE 均不断减少。这是因为 S1 和 S2 未引入气象预报信息，当前预报阶段径流与历史水文、气象信息相关性相对较小，径流不确定性增强。其中，由于气象信息随着预见期增加与径流的相关性逐渐减弱，导致 S2 预报精度下降幅度最大，甚至与 S1 近似。而在 S3 下三种模型的性能评价指标变化幅度较小，其中 NSE 在率定期和验证期均能大于 0.8，这主要是因为其结合了未来气象预报信息进行预报。虽然本章气象预报数据为历史观测信息，但考虑到目前降雨气象预报精度不断增加，因此在实际调度过程中耦合集合气象预报信息和 RNN 模型对以支持制定满意的供水决策意义重大。

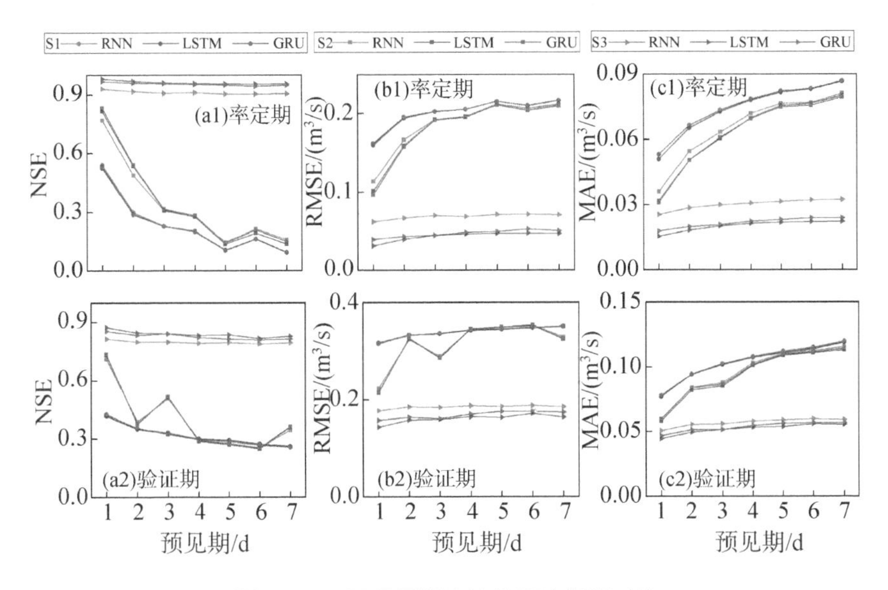

图 4-3　不同预见期的性能评价指标对比

4.3.3　不同集水面积性能比较

以 NSE 系数为例，说明集水面积与预报精度的关系，图 4-4、图 4-5 和图 4-6 为三种预报因子组合（S1，S2，S3）在不同预见期（1~7d）集水面积与 NSE 关系散点图。由图可知，三种 RNN 模型的不同集水面积对应的 NSE 系数在率定期和验证期走势基本一致，再次说明了 RNN 模型具有较好的泛化能力和稳定的性能。然而，对于仅考虑径流时间序列的组合 S1，在采用相同模型参数的前提下，随着集水面积的逐渐增大，三种 RNN 模型的预报精度逐渐降低。其中，预见期 1d 时，即使在组合 S1 下，集水面积最小的平地水库（0.6km^2）的 NSE 系数可达 0.8，而集水面积最大的虹桥水库（13.4km^2）NSE 系数仅位于 0.2 附近。分析两者的径流变化过程，其中平地水库入库在整个时间阶段上日径流变化标准差为 0.19m^3/s，偏态系数 9.18；虹桥水库为 0.77m^3/s，偏态系数 13.98。以上数据说明平地水库的入库径流序列更平稳，因此 RNN 模型在时间序列上对于平稳的数据序列模拟效果更好。

对同时考虑历史径流和气象观测信息的预报组合 S2，集水面积与 NSE 之间的负相关关系较 S1 减弱，说明气象信息的引入逐渐改善了 RNN 模型在处理非平稳时间序列的缺陷。而在组合 3 下，尤其 LSTM 模型在率定期内 NSE 均高于 0.9，验证期内大部分水库预报精度可达 0.8 以上，集水面积与 NSE 之间的负相关系更弱，再次说明气象预报信息对提高径流预报效果的重要价值。

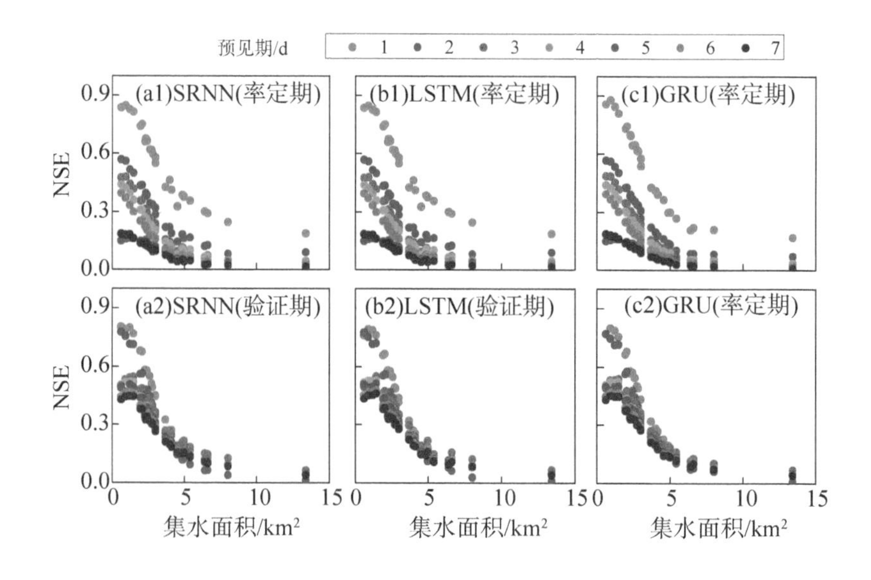

图 4-4　组合 S1 下水库集水面积与 NSE 系数关系

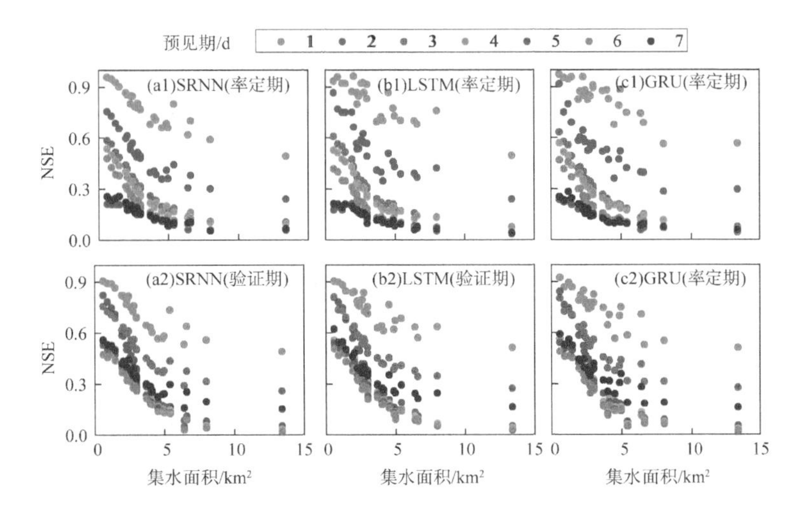

图 4-5　组合 S2 下水库集水面积与 NSE 系数关系

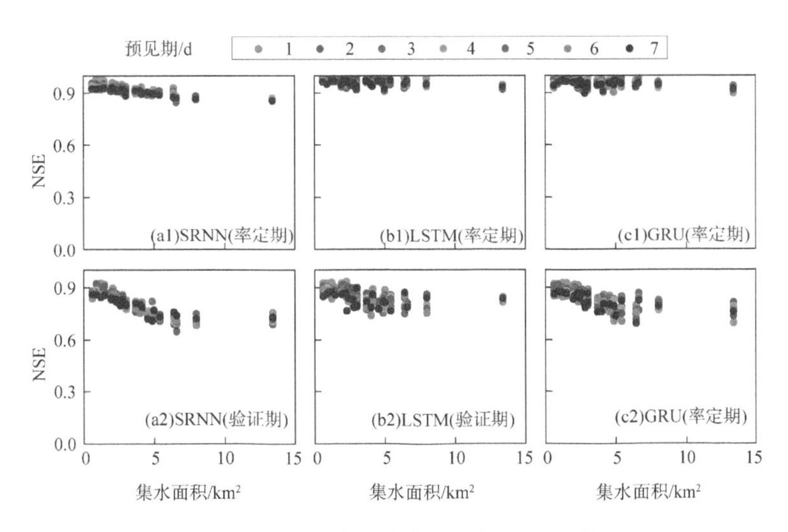

图 4-6　组合 S3 下水库集水面积与 NSE 系数关系

4.3.4　不同模型参数性能比较

Dropout、学习率和隐藏层内神经元数量等参数对模型的模拟效果影响较大，如殷兆凯等 [43] 基于 LSTM 模型进行日尺度径流预报，发现神经元数量越多，预报精度越高。然而，本研究所有的水库群选择相同参数，因此可通过调整模型参数提高非平稳径流序列的预报效果。

本章以 Dropout 概率和神经元个数（n）为例，探讨模型参数对预报性能的影响。Dropout 概率指在深度学习网络的训练过程中，按照一定的概率（1-Dropout）将一部分神经网络单元暂时从网络中丢弃。它能够模拟具有大量不同网络结构的神经网络，并且反过来使网络中的节点更具有鲁棒性，避免过拟合。神经元个数则代表模型结构的复杂性，一般神经元个数越多，代表模型越复杂。考虑因子组合 S2 时，预见期 1d 在率定期和验证期的 NSE（25 个水库平均值）分布情况如图 4-7 所示。由图可知，三种 RNN 模型的 NSE 性能评价指标在率定期和验证期走势基本一致，未出现明显的过拟合现象，说明 RNN 模型具有较好的泛化能力。同时，通过适当的参数调整，水库的预报精度明显提高。如 GRU 模型在 $n=64$，Dropout = 0.3 时，NSE = 0.9249，较 $n=8$，Dropout = 0.1 时，NSE = 0.8321，提高 10.03%，说明了参数优化可提高模型的预报精度，改善其在处理非平稳时间序列时的缺陷。然而，SRNN 模型的预报效果即使随着参数调整，预报精度仍较其他两种模型差。

进一步可知，Dropout 取值较小，n 取值较大时，RNN 模型会取得较高的预报精度，其中 Dropout 值为 0.0~0.5，n 值为 16~128 时预报效果最好。Dropout 越小，n 越大，代表神经网络越复杂，拟合能力越强。这是因为预见期 1d 时，预报径流与当日之前的气象、水文数据关系更紧密，因此学习能力越强的模型越能精确地进行模拟。

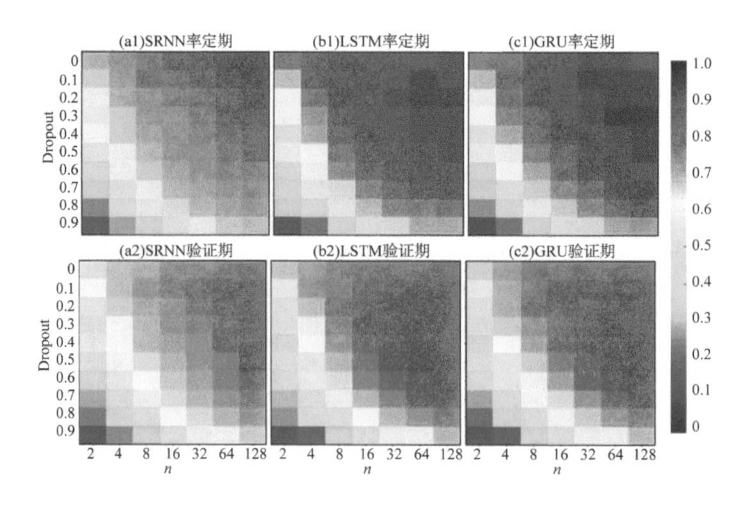

图 4-7　参数对 SRNN、LSTM 和 GRU 模型预报精度的影响

4.4　本章小结

本章基于三种 RNN 模型（SRNN、LSTM、GRU）对舟山本岛 25 个水库入库径流序列，考虑不同的预报因子（S1，S2，S3），进行了不同预见期的径流预报，本章的主要结论总结如下。

1）对比不同预报因子对舟山岛日径流的预测效果，仅考虑径流时间序列信息（S1）的预报精度最差，同时考虑径流和降雨、蒸发气象信息较仅考虑径流信息（S2）的预报精度更高，而耦合预报气象信息（S3）可进一步提高径流预报准确性。

2）对比三种 RNN 模型和 LSSVM 模型、BP 模型在日径流的预测效果，LSSVM 模型、BP 模型因过分地追求训练集上的预报精度导致在测试集上预报精度的下降，出现过拟合现象。然而，三种 RNN 模型的性能评价指标在率定期和验证期走势基本一致，因此 RNN 模型具有较好的泛化能力和稳定的性能。

3）对比不同模型在不同预报因子和预见期（1~7d）的预测效果，发现随着输入信息不断增加，SRNN 模型的信息融合能力有限，而复杂的神经元结构的 LSTM 和 GRU 模拟效果稳定。

4）对比不同模型在海岛地区不同集水面积水库的预测效果，在采用相同模型参数下，RNN 模型对于平稳的时间序列数据模拟效果更好。而耦合气象信息（历史、预报）和参数调整能够改善 RNN 模型在处理非平稳时间序列的缺陷。

第 5 章
基于参数优化的海岛地区水库群可供水量自适应多步预测

准确及时的水库可供水量预测有利于水库或水库群制定科学合理的调度方案，提高水资源利用率，进而促进水库充分发挥综合效益，具有重要的经济和社会效益。以人工神经网络模型为代表的机器学习方法具有较强的非线性拟合能力，模型搭建简单，被广泛应用到预报预测工作中。利用智能优化算法训练学习模型参数已被证明是一种提升单一机器学习预报模型稳定性的有效手段。本章以舟山海岛地区的长春岭水库和平地水库为例，通过耦合自适应机制，提出一种基于 QGWO 算法参数优化的水库可供水量多步预测模型，实现滚动预测未来可供水量和水库调度规则模拟预测。

5.1 改进的量子灰狼算法

5.1.1 改进的算法机制

（1）量子初始化灰狼种群

量子染色体由满足归一化条件要求的量子比特组成。一个量子比特 [88] 由定义在一个单位空间中的一对对应 $|0\rangle$ 态和 $|1\rangle$ 态的概率幅组成，定义 $|\psi\rangle=\alpha|0\rangle+\beta|1\rangle$，其中 α 和 β 称为量子位对应状态的概率幅，$\alpha^2+\beta^2=1$ [89]。假设每个灰狼个体代表一组决策变量集合，将量子比特引入 GWO 中，则种群内第 i 个灰狼个体的第 j 个量子位（决策变量）可表示为 [90]:

$$v_{ij}=\begin{bmatrix}\alpha_{ij,1}&\alpha_{ij,2}&\cdots&\alpha_{ij,D}\\\beta_{ij,1}&\beta_{ij,2}&\cdots&\beta_{ij,D}\end{bmatrix} \tag{5-1}$$

式中，D 为每个决策变量的量子比特概率幅。

进一步对所有个体进行二进制编码，并将二进制转成为十进制，然后计算每个个体的适应度值，其中测量方式如下公式所示：

$$b_{ij}=\begin{cases}1 & \text{if } r>\left|\alpha_{ij}\left(\beta_{ij}\right)\right|^2\\0 & \text{otherwise}\end{cases} \tag{5-2}$$

式中，b_{ij} 为二进制编码，r 为随机变量，$r\in(0,1)$。优化问题的每个候选解对应两个解，在所有 $2N$ 个候选解中选择 N 个适应度值较小的个体作为初始群体 $X=\left[X_1,X_2,\ldots,X_i,\ldots,X_N\right]$。

（2）自适应惯性权重值

定义适应度最小的三个灰狼个体：X_α、X_β、X_δ，传统GWO依据 X_α、X_β、X_δ 对种群中的所有灰狼个体进行更新。为了增强GWO的局部开发能力，提高收敛精度和速度，本研究通过引入自适应惯性权值 w 对算法进行改进：

$$\begin{aligned}
&D_\alpha=\left|C\cdot X_\alpha(k)-X_i(k)\right|\\
&D_\beta=\left|C\cdot X_\beta(k)-X_i(k)\right|\\
&D_\delta=\left|C\cdot X_\delta(k)-X_i(k)\right|\\
&X_1=X_\alpha(k)-A\cdot D_\alpha\\
&X_2=X_\beta(k)-A\cdot D_\beta\\
&X_3=X_\delta(k)-A\cdot D_\delta\\
&\omega_1=1-f_\alpha/\left(f_\alpha+f_\beta+f_\delta\right)\\
&\omega_2=1-f_\beta/\left(f_\alpha+f_\beta+f_\delta\right)\\
&\omega_3=1-f_\beta/\left(f_\alpha+f_\beta+f_\delta\right)\\
&X_i(k+1)=\frac{\left(\omega_1X_1+\omega_2X_2+\omega_3X_3\right)}{\left(\omega_1+\omega_2+\omega_3\right)}
\end{aligned} \tag{5-3}$$

$$A=2a\times r_1-a,\quad C=2\times r_2,\quad a=2-2\left(k/\text{MAXGEN}\right)^2$$

式中，参数 A、C 和 a 均为收敛因子；r_1、r_2 为随机变量，r_1、$r_2\in(0,1)$。k 为

迭代次数，MAXGEN 为最大迭代次数。采用基于抛物线的非线性收敛方式，可使收敛因子 a 初期衰减程度降低，确保更好地寻找全局最优解；后期衰减程度提高，更加精确地寻找局部最优解，能够有效地平衡 GWO 全局搜索和局部搜索能力，提高模型求解效率。D_α、D_β、D_δ 分别表示个体 X_α、X_β、X_δ 与个体 X_i 之间的距离，适应度值越小，ω 值越大，有利于算法传递最优个体信息，提高了算法的收敛精度和速度。

（3）量子灾变

GWO 在每次迭代后都选择最优解保存，作为下一次迭代的初始值，但是在迭代最后阶段，由于灰狼种群中的所有个体都逼近猎物位置（最优个体），这样就会导致种群的丰富度降低，一旦当前的位置不是真正的最优位置，而是局部最优解，算法就会陷入局部最优。为了克服这一缺点，有学者引入量子灾变理论，使用群体灾变策略避免算法陷入局部寻优[91]。群体灾变策略如下：当算法连续多代的最优个体都不发生任何变化时（认为已陷入局部最优解），则在保留最优个体的同时，对其余个体全部重生成，由此可使算法有效摆脱局部寻优，从而得到全局最优解。

综上所述，量子灰狼算法（quantum grey wolf optimization，QGWO）计算流程如图 5-1 表示。

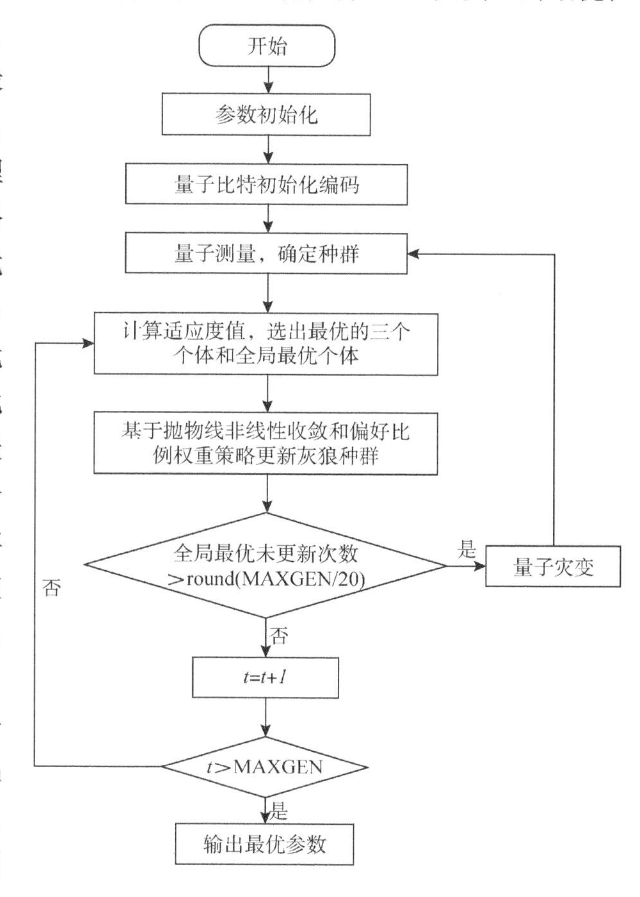

图 5-1 改进的量子灰狼算法（QGWO）计算流程

5.1.2 算法测试与分析

本研究采用经典的测试函数对 QGWO 算法进行测试，函数描述如表 5-1 所示。并与 GWO、遗传算法（GA）、粒子群算法（PSO）和混合蛙跳算法（SFLA）进行横向对比，算法参数设置如表 5-2 所示。算法运行 10 次后的收敛过程对比如图 5-2 所示，由图可知 QGWO 算法最快达到全局最优点，遗传算法收敛效果最差。一般而言，算法运行多次之后收敛达到的适应度值的平均值和方差越小，说明算法性能越好。算法运行 10 次之后的适应度值的平均值和方差值如表 5-3 所示，由表可知，QGWO 算法的适应度值的平均值和方差值均最小。进一步，对算法运行 10 次的结果进行 Wilcoxon 秩和检验，结果如表 5-3 所示。其中，符号“+”代表按照 $\alpha = 0.05$ 的水准，拒绝原假设，QGWO 算法性能优于其他算法；符号“=”代表按照 $\alpha = 0.05$ 的水准，接受原假设，QGWO 算法与其他算法性能相似；符号“−”代表按照 $\alpha = 0.05$ 的水准，拒绝原假设，QGWO 算法较其他算法性能较差。由表可知，除了测试函数 F3，QGWO 算法明显优于其他算法。然而针对测试函数 F3，虽然 QGWO 算法性能较 PSO 算法差，但是相比较 PSO 算法，其能达到全局最优值。因此，综上所述，QGWO 算法通过引入量子比特，采用的自适应惯性权重值和量子灾变操作能够改进算法性能。

表 5-1 测试函数特性表

序号	测试函数	$f(x_1, x_2)$	决策范围	全局最优值
F1	Drop-Wave	$-\dfrac{1+\cos\left(12\sqrt{x_1^2+x_2^2}\right)}{0.5(x_1^2+x_2^2)+2}$	$x_i \in [-5.12, 5.12]$	$x^*=(0, 0)$ $f(x^*)=-1$
F2	Three-Hump Camel	$2x_1^2-1.05x_1^4+\dfrac{x_1^6}{6}+x_1x_2+x_2^2$	$x_i \in [-5, 5]$	$x^*=(0, 0)$ $f(x^*)=0$
F3	De Jong N.5	$\left(0.002+\sum_{i=1}^{25}\dfrac{1}{i+(x_1-a_{1i})^6+(x_2-a_{2i})^6}\right)^{-1}$	$x_i \in [-65.536, 65.536]$	$x^*=(0, 0)$ $f(x^*)=1$
F4	Schaffer N.2	$0.5+\dfrac{\sin^2(x_1^2-x_2^2)-0.5}{\left[1+0.001(x_1^2+x_2^2)\right]^2}$	$x_i \in [-100, 100]$	$x^*=(0, 0)$ $f(x^*)=0$

续表

序号	测试函数	$f(x_1, x_2)$	决策范围	全局最优值
F5	Griewank	$\sum_{i=1}^{d}\frac{x_i^2}{4000}-\prod_{i=1}^{d}\cos\left(\frac{x_i}{\sqrt{i}}\right)+1$	$x_i \in [-600, 600]$	$x^*=(0, 0)$ $f(x^*)=0$
F6	Ackley	$-a\exp\left(-b\sqrt{\frac{1}{d}\sum_{i=1}^{d}x_i^2}\right)-\exp\left(\frac{1}{d}\sum_{i=1}^{d}\cos(cx_i)\right)+a+\exp(1)$	$x_i \in [-32.768, 32.768]$	$x^*=(0, 0)$ $f(x^*)=0$
F7	Rastrigin	$10d+\sum_{i=1}^{d}\left[x_i^2-10\cos(2\Pi x_i)\right]$	$x_i \in [-5.12, 5.12]$	$x^*=(0, 0)$ $f(x^*)=0$
F8	Sphere	$\sum_{i=1}^{d}x_i^2$	$x_i \in [-5.12, 5.12]$	$x^*=(0, 0)$ $f(x^*)=0$

表 5-2　算法参数设置

序号	参数	取值	算法
1	运行系数	10	所有对比算法
2	种群个数	100	
3	全局迭代次数	500	
4	子种群迭代次数	10	SFLA
5	子种群个数	10	
6	量子比特个数	30	QGWO
7	量子灾变次数	10	
8	染色体长度	30	GA
9	交叉概率	0.9	
10	变异概率	0.01	
11	惯性权重	0.8	PSO
12	加速因子	2	
13	限制速度范围	$[-1,1]$	

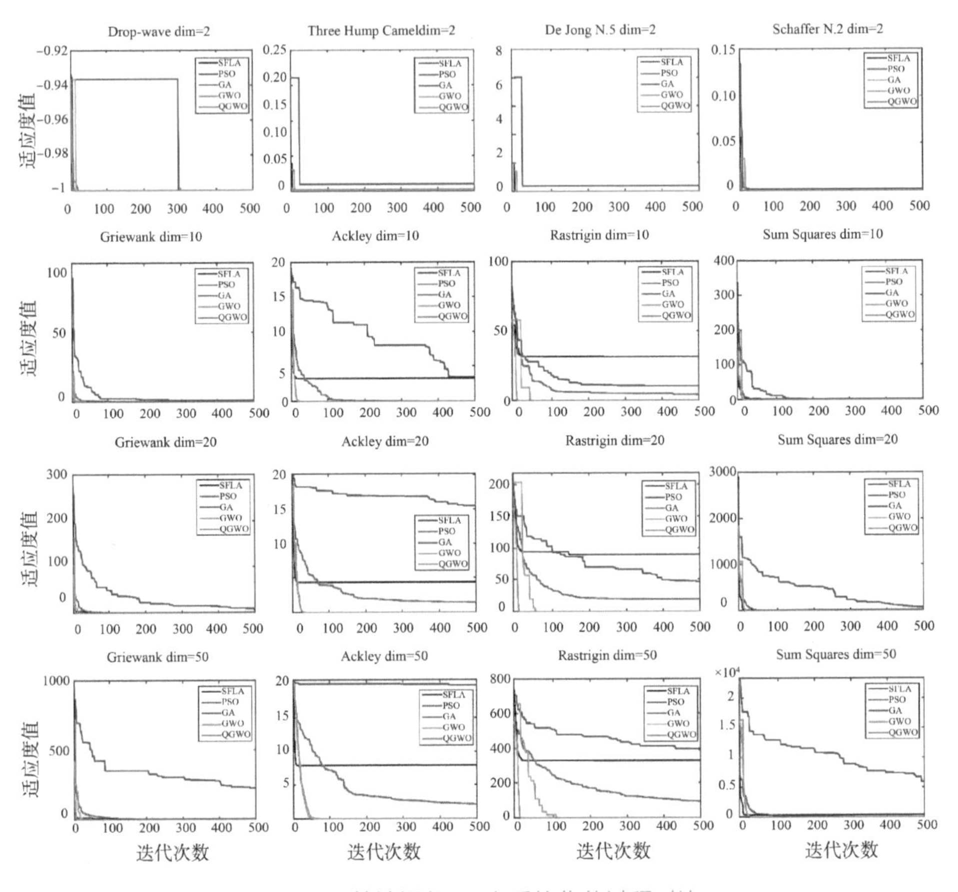

图 5-2　算法运行 10 次后的收敛过程对比

表 5-3　算法运行 10 次的秩和检验结果

序号	维数	SFLA		PSO		GA		GWO		QGWO
		均值（方差）	测试	均值（方差）	测试	均值（方差）	测试	均值（方差）	测试	均值（方差）
F1	2	−1.00E+00（5.36E−09）	+	−1.00E+00（0.00E+00）	=	−9.86E−04（2.47E−05）	+	−1.00E+00（0.00E+00）	+	−1.00E+00（0.00E+00）
F2	2	5.96E−07（1.88E−06）	+	2.39E−20（4.14E−20）	+	4.10E−02（9.71E−02）	+	0.00E+00（0.00E+00）	=	0.00E+00（0.00E+00）
F3	2	3.86E+00（2.60E+00）	+	9.98E−01（1.96E−16）	−	5.02E+00（6.32E+00）	+	2.96E+00（3.55E+00）	+	9.98E−01（5.27E−11）

续表

序号	维数	SFLA		PSO		GA		GWO		QGWO
		均值（方差）	测试	均值（方差）	测试	均值（方差）	测试	均值（方差）	测试	均值（方差）
F4	2	5.90E−09（1.57E−08）	+	0.00E+00（0.00E+00）	=	4.20E−02（3.74E−02）	+	0.00E+00（0.00E+00）	=	0.00E+00（0.00E+00）
F5	10	3.04E−01（3.16E−01）	+	2.42E−01（1.34E−01）	+	1.15E+00（8.47E−02）	+	2.26E−02（2.46E−02）	+	0.00E+00（0.00E+00）
	20	1.97E+00（1.03E+00）	+	3.07E−01（1.78E−01）	+	3.01E+01（2.40E+01）	+	5.52E−02（1.40E−01）	+	0.00E+00（0.00E+00）
	50	8.35E+00（6.45E+00）	+	1.23E+00（1.34E−01）	+	3.42E+02（8.21E+01）	+	9.53E−04（3.01E−03）	=	0.00E+00（0.00E+00）
F6	10	4.61E+00（1.39E+00）	+	7.98E−01（8.89E−01）	+	8.87E+00（4.24E+00）	+	7.64E−15（2.02E−15）	+	4.44E−15（0.00E+00）
	20	6.18E+00（7.64E−01）	+	2.07E+00（5.79E−01）	+	1.79E+01（1.36E+00）	+	1.40E−14（2.92E−15）	+	8.35E−15（2.62E−15）
	50	8.36E+00（3.66E−01）	+	3.14E+00（5.91E−01）	+	2.04E+01（2.38E−01）	+	6.91E−14（7.45E−15）	+	2.50E−14（3.26E−15）
F7	10	4.16E+01（9.82E+00）	+	1.05E+01（5.46E+00）	+	1.97E+01（8.19E+00）	+	1.42E−15（4.49E−15）	=	0.00E+00（0.00E+00）
	20	1.04E+02（9.42E+00）	+	4.15E+01（1.95E+01）	+	6.79E+01（1.43E+01）	+	4.29E−01（1.36E+00）	+	0.00E+00（0.00E+00）
	50	3.62E+02（2.05E+01）	+	1.28E+02（2.43E+01）	+	4.52E+02（4.68E+01）	+	4.01E+00（3.43E+00）	+	0.00E+00（0.00E+00）
F8	10	2.02E−01（1.61E−01）	+	3.64E−09（4.62E−09）	+	3.40E−03（4.22E−03）	+	1.46E−97（3.83E−97）	+	4.39E−126（1.30E−125）
	20	1.28E+00（4.08E−01）	+	1.79E−04（1.17E−04）	+	4.28E+00（2.59E+00）	+	1.20E−60（1.95E−60）	+	5.41E−78（7.47E−78）
	50	5.14E+00（1.13E+00）	+	8.16E−02（3.04E−02）	+	8.75E+01（1.66E+01）	+	2.82E−34（1.64E−34）	+	8.03E−43（1.08E−42）

5.2 基于QGWO参数优化的可供水量自适应多步预测模型

5.2.1 支持向量机模型

支持向量机（support vector machine, SVM）是由 Cortes 等[92]在 1995 年提出的一种基于统计学习理论和结构风险最小化准则的回归预测算法，其核心思想是通过核函数将非线性输入数据映射到高维线性特征空间中，并在高维特征空间构建最优决策函数求解线性回归问题。因此，SVM 具有需要学习样本少、非线性预测能力强和泛化性强等优点。最小二乘支持向量机（least squares support vector machine, LSSVM）是 Suykens 等[93]提出的 SVM 的改进算法，能够有效避免 SVM 中的二次规划问题，且计算精度和训练效率更高。

给定训练样本集为 $\{x_i, y_i\}(i=1,2,\ldots,n)$，其中，$\boldsymbol{x}_i \in R^d$ 为 d 维输入向量，$\boldsymbol{y}_i \in R$ 为对应输出向量，通过非线性函数将输入变量转换到高维特征空间后，SVM 的映射模型表示为：

$$f(x) = \boldsymbol{w}^{\mathrm{T}} \bullet \phi(\boldsymbol{x}_i) + b + e_i \tag{5-4}$$

式中，$\boldsymbol{w}$ 为权向量；b 为偏置量。通过引入最小二乘函数和等式约束建立 LSSVM 的最优化问题可以表示为：

$$\begin{cases} \min\limits_{w,b,e} J(\boldsymbol{w}, e) = \dfrac{1}{2}\|\boldsymbol{w}\|^2 + C\sum\limits_{i=1}^{n}\zeta_i^2 \\ \text{s.t. } \boldsymbol{y}_i = \boldsymbol{w} \bullet \phi(\boldsymbol{x}_i) + b + e_i, i = 1,2,\ldots,n \end{cases} \tag{5-5}$$

式中，C 为惩罚因子，取值的大小与模型的泛化性相关；ζ 为估计误差。通过引入拉格朗日乘子转化为无约束问题：

$$L(\boldsymbol{w}, b, e, \alpha) = \frac{1}{2}\|\boldsymbol{w}\|^2 + \frac{1}{2}\gamma\sum_{i=1}^{n}e_i^2 - \sum_{i=1}^{n}\alpha_i\left[\boldsymbol{w} \bullet \phi(\boldsymbol{x}_i) + b + e_i - \boldsymbol{y}_i\right] \tag{5-6}$$

通过求解，得到最终 LSSVM 的非线性映射模型可表示为：

$$y(x) = \sum_{i=1}^{n}\alpha_i K(x, \boldsymbol{x}_i) + b \tag{5-7}$$

式中，x 为预报样本；$y(x)$ 为预报对象；$\boldsymbol{x}_i$ 为经过训练求得的支持向量；α_i 为通过训练求得的拉格朗日系数；$K(x, \boldsymbol{x}_i)$ 为核函数。高斯径向基函数是 LSSVM 中一个主要的核函数，其参数主要包括用来控制复杂度和误差大小的正规化参数和用于调节函数平滑度的参数。参数的确定在很大程度上决定了 LSSVM 模型的学习能力和泛化能力，因此，参数优选是决定 LSSVM 预测精度的重要环节。

5.2.2　自适应多步预测模型

（1）影响因子筛选

输入因子遴选是数据驱动模型建模的第一步，也是相当关键的一步。当输入因子中包含不相关或冗余信息时，数据驱动模型在学习过程中可能会受到干扰，进而提供不可靠的预报结果。基于偏自相关函数（partial autocorrelation function，PACF）的影响因子筛选在时间序列预测领域被广泛应用。具体过程如下：假定 W_t 为输出变量，如果第 d 个滞时的 PACF 值在 95% 置信区间（$\left[-1.96\sqrt{N},\ 1.96\sqrt{N}\right]$，$N$ 为时间序列总长度）之外，则取 W_{t-d} 为输入变量；而如果所有滞时的 PACF 值均在上述区间内，则仅取 W_{t-1} 作为输入变量。

（2）多步预测机制

考虑单变量时间序列的多步预测，是指在已有观测值的基础上建立预测模型，对未来时刻的变量取值进行估计。通常采用的多步预测策略有迭代预测法和直接法。迭代预测法是最简单、最直观的多步向前预测方法，它将当前模型的预测值作为下一步预测的输入值进行迭代预测，直到满足所需的预测步长。迭代预测法的输入输出格式可以表示为：

$$
\begin{aligned}
&\text{Horizon } t+1\text{: } W_{t+1}^{f} = F\left(W_t, W_{t-1}, \dots, W_{t-k}\right) \\
&\text{Horizon } t+2\text{: } W_{t+2}^{f} = F\left(W_{t+1}^{f}, W_t, W_{t-1}, \dots, W_{t-k+1}\right) \\
&\dots \\
&\text{Horizon } t+d\text{: } W_{t+d}^{f} = F\left(W_{t+d-1}^{f}, W_{t+d-2}^{f}, \dots, W_{t+1}^{f}, W_t, \dots, W_{t-k+d-1}\right)
\end{aligned}
\tag{5-8}
$$

式中，$F(\cdot)$ 为输入与输出变量之间的映射关系；W_{t+1}^{f}，W_{t+2}^{f}，…，W_{t+d}^{f} 为 1，2，…，d 预见期内逐时段的预测结果；d 为预见期长度；W_t, W_{t-1}, ..., W_{t-k} 为已经发生的、实测的前期可供水量过程；k 为前期可供水量滞时长度。

另一种通常使用的多步向前预测方法称为直接法。与迭代预测法不同，直接法通过建立一簇模型来分别预测变量在未来不同时刻的取值，直到满足所需的预测步长。具体地，设多步向前预测的步长为 d，则需要分别建立 d 个不同的预测模型：

$$\begin{aligned}&\text{Horizon } t+1\text{: } W_{t+1}^{f}=F\left(W_t,W_{t-1},\ldots,W_{t-k}\right)\\&\text{Horizon } t+2\text{: } W_{t+2}^{f}=F\left(W_t,W_{t-1},\ldots,W_{t-k}\right)\\&\ldots\\&\text{Horizon } t+d\text{: } W_{t+h}^{f}=F\left(W_t,W_{t-1},\ldots,W_{t-k}\right)\end{aligned} \tag{5-9}$$

（3）自适应机制

因子筛选结果会随着数据集系列长度增加而不断更新。相应的，预报模型应当具有高度的自适应能力。一方面，预报模型的泛化能力是有限的，另一方面，由于因子筛选结果会随着系列长度而改变，通过最初的训练期确定的预报模型可能完全不适应检验期的来水。因此，随着新的水库可供水量信息的加入，应该重新进行模型率定，即耦合自适应机制进行滚动预测。

具体的自适应可供水量多步预测模型流程如图 5-3 所示。

5.2.3 模型评价指标选取

模型平均指标选取以下几种。

纳什效率系数（NSE）：取值为负无穷至 1。NSE 等于 1，表示实测值和预报值相等，预报效果好，模型可信度高；NSE 接近 0，表示模拟结果接近于实测值的平均值水平，即总体结果可信，但过程模拟误差大；NSE 远远小于 0，则模型是不可信的。

$$\mathrm{NSE}=1-\frac{\sum_{i=1}^{N}\left(Q_i^{o}-Q_i^{f}\right)^2}{\sum_{i=1}^{N}\left(Q_i^{o}-\bar{Q}^{o}\right)^2} \tag{5-10}$$

方法流程

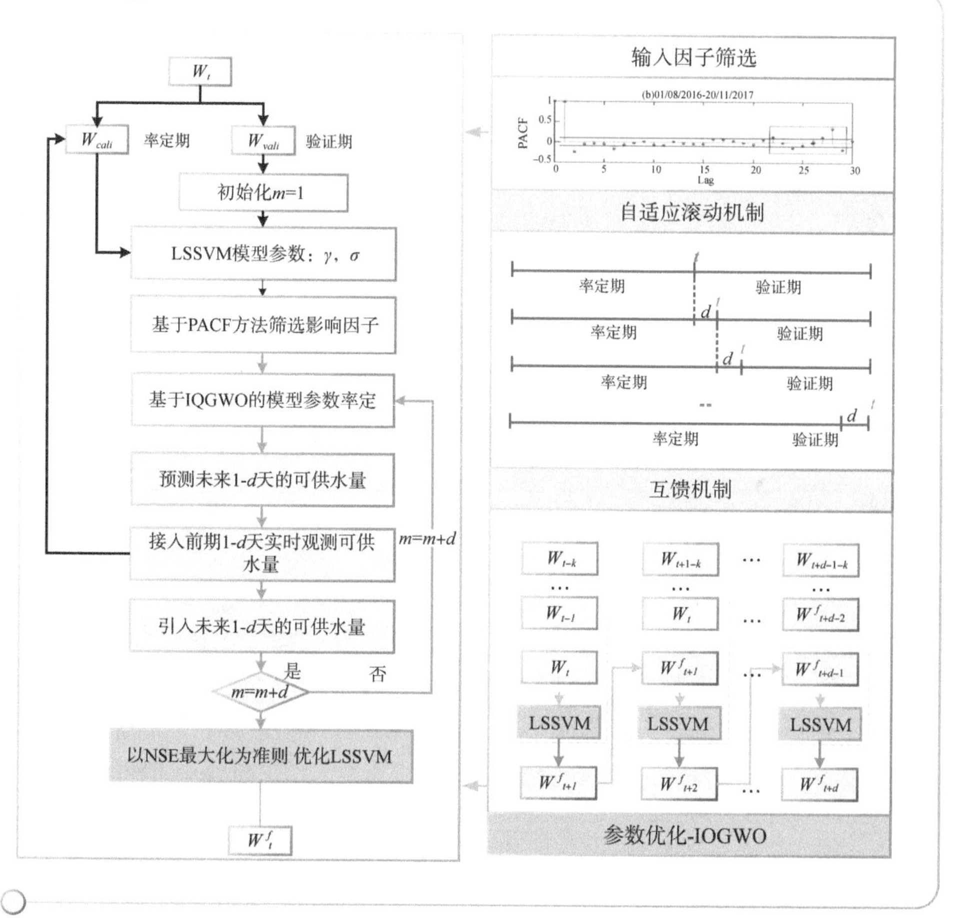

图 5-3　自适应可供水量多步预测模型

相关系数（R）：取值越接近于 1，表示预报效果越好。

$$R = \frac{\sum_{i=1}^{N}\left(W_i^o - \bar{W}^o\right)\left(W_i^f - \bar{W}^f\right)}{\sqrt{\sum_{i=1}^{N}\left(W_i^o - \bar{W}^o\right)^2 \sum_{i=1}^{N}\left(W_i^f - \bar{W}^f\right)^2}} \tag{5-11}$$

均方根误差（RMSE）：取值为 0 至正无穷。RMSE 值越接近 0，表示预报模型性能越好。RMSE 与径流量级有关，易受较大径流影响。

$$\mathrm{RMSE} = \sqrt{\frac{1}{N}\sum_{i=1}^{N}\left(Q_i^o - Q_i^f\right)^2} \tag{5-12}$$

平均绝对值误差（MAE）：取值为 0 至正无穷。MAE 值越接近 0，表示预报模型性能越好。

$$\text{MAE} = \frac{1}{n}\sum_{i=1}^{n}\left|Q_i^o - Q_i^f\right| \tag{5-13}$$

式中，n 为观测天数；Q_i^o 为第 i 天的观测值；Q_i^f 为第 i 天的预报值；$\bar{Q}^o$ 和 $\bar{Q}^f$ 分别表示 N 天观测值和预报值的平均值。

5.3 结果与分析

5.3.1 预报因子筛选

本研究以舟山海岛长春岭水库和平地水库为例，说明自适应递归（adaptive recursive，AR）多步预测模型的有效性。选择长春岭水库的 2016-08-01—2018-04-30 逐日可供水量资料为基础，其中，前 319 个数据资料为训练数据集，后 319 个数据资料为检验数据集；选择平地水库的 2016-01-01—2019-05-31 逐日可供水量资料为基础，其中，前 873 个数据资料为训练数据集，后 374 个数据资料为检验数据集。长春岭水库和平地水库的逐日可供水量资料在率定期和验证期统计特性情况如表 5-4 所示。

表 5-4　长春岭水库和平地水库在率定期和验证期日可供水量数据统计特性

水库	阶段	最大值 /($10^4 m^3$)	最小值 /($10^4 m^3$)	平均值 /($10^4 m^3$)	标准差 /($10^4 m^3$)	偏态系数 Cs
长春岭	训练	292.50	38.99	188.19	64.58	−0.82
	检验	285.20	142.40	210.24	43.32	0.02
平地	训练	318.84	70.41	241.68	82.88	−1.08
	检验	301.67	240.02	285.13	14.18	−1.04

采用 PACF 模型对时间序列模型输入变量进行筛选，前期滞时长度选择 7d。长春岭水库和平地水库不同时期内的 PACF 结果如图 5-4 所示。以 1d

预见期预测为例，说明因子筛选过程：通过分析滞时为 1~30d 的 PACF 模型，进行预报因子筛选。针对长春岭水库，对于 2016-08-01—2017-06-15 时间序列，选择前 1d、2d 的可供水量作为影响因子；对于 2016-08-01—2017-11-20 时间序列，选择前 1d、2d、6d 的可供水量作为影响因子；对于 2016-08-01—2018-04-30 时间序列，选择前 1d、2d、5d、6d 的可供水量作为影响因子。针对平地水库，对于 2016-08-01—2018-05-22 时间序列，选择前 1d、2d、3d、5d 的可供水量作为影响因子；对于 2016-08-01—2018-07-24 和 2016-08-01—2019-05-31 时间序列，选择前 1d、2d、5d 的可供水量作为影响因子。由上可知因子筛选结果会随着数据系列长度增加而不断更新。相应的，预报模型也应当具有高度的自适应能力。一方面，预报模型的泛化能力是有限的，另一方面，由于因子筛选结果会随着系列长度而改变，通过最初的训练期确定的预报模型可能对检验期的来水完全不适应。以上说明了滚动自适应机制的必要性和合理性。同时，平地水库的 PACF 收敛在蓝色阈值之内，而长春岭水库的 PACF 图末端不收敛（图中黑色方框所示），说明平地水库的入库径流序列更平稳。

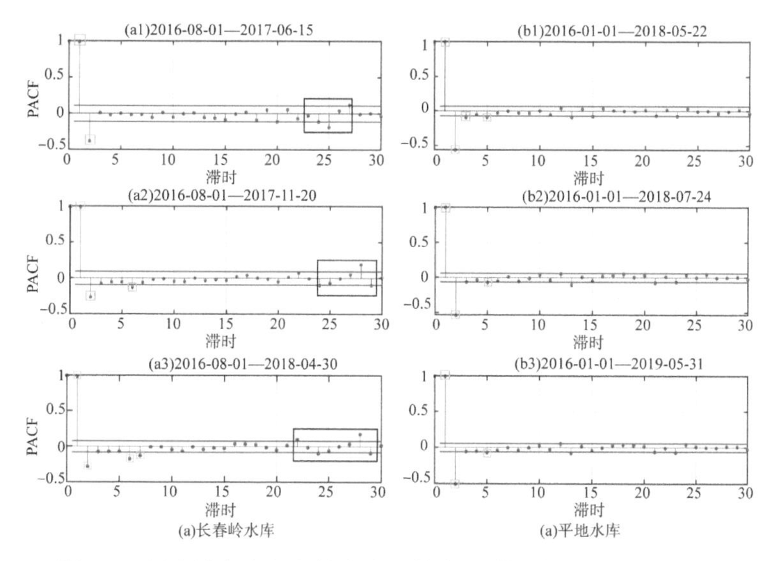

图 5-4　长春岭水库和平地水库可供水量时间序列的 PACF 结果

5.3.2 QGWO 算法对水量序列预测的有效性分析

以筛选后的关键因子为输入变量进行多步预测，选取纳什系数（NSE）、相关系数（R）、均方根误差（RMSE）、平均绝对误差（MAE）对模型 1d、3d、5d、7d、9d 预见期的预测结果进行评估。自适应预报模式的预报流程跟传统预报模型完全不同，基于以下考虑，在后文中只展示自适应预报模式在检验期的预报效果：①检验期的预报效果比训练期更为重要。由于训练期的模型性能评价使用的是建模时的数据，因此其性能评价指标不能真正地反映预报模型的应用效果。通常，如果一个预报模型在训练期性能好，而在检验期性能差，说明其泛化能力差。②自适应预报模式下的训练期是不断变化的。例如，当预报时段 t 的可供水量时，t 时段之前的所有可供水量都被视为训练数据集，用于建立预报模型预报 t 时段的可供水量。随着预报滚动进行，原始检验数据集将不断被追加到训练数据集中。

选择非递归（non-recursive, NR）多步预测模型和非自适应性递归（non-adaptive，NA）多步预测模型作为对比模型说明 AR 模型的有效性。NA 模型与 AR 模型的区别在于 AR 模型在预测过程滚动更新模型参数，而 NA 模型参数只需一次率定完成，三个模型均采用基于 QGWO 优化的 LSSVM 作为基准预测模型。为证明 QGWO 算法的有效性，本研究进一步将其与 GA 算法、PSO 算法、SFLA 算法和 GWO 算法进行对比。长春岭水库和平地水库的三个预报模型采用不同算法进行优化之后检验期性能指标值分别如表 5-5 和表 5-6 所示。针对 AR 模型，QGWO 算法在全部预见期内的检验期 NSE 和 R 指标值最大，RMSE 和 MAE 指标值最小。尤其是相比于 GA 算法、PSO 算法和 SFLA 算法，对于长春岭水库，QGWO 算法分别提高 NSE 和 R 指标值 1.23%~9.47% 和 0.62%~4.78%，降低 RMSE 和 MAE 指标值 14.76%~56.68% 和 3.23%~48.83%；对比平底水库，QGWO-AR 模型分别提高 NSE 和 R 指标值 0.22%~25.74% 和 0.07%~10.76%，降低 RMSE 和 MAE 指标值 17.17%~42.82% 和 21.09%~39.23%。

表 5-5　不同预报模型下不同算法的检验期性能评价（长春岭水库）

预报模型	算法	NSE					R				
		1d	3d	5d	7d	9d	1d	3d	5d	7d	9d
NR	SFLA	0.979	0.939	0.896	0.874	0.785	0.989	0.969	0.947	0.935	0.886
	PSO	0.979	0.939	0.896	0.868	0.786	0.989	0.969	0.947	0.932	0.888
	GA	0.979	0.939	0.895	0.876	0.779	0.989	0.969	0.946	0.936	0.883
	GWO	0.979	0.939	0.896	0.876	0.786	0.989	0.969	0.947	0.936	0.888
	QGWO	0.979	0.939	0.896	0.876	0.786	0.989	0.969	0.947	0.936	0.888
NA	SFLA	0.979	0.949	0.911	0.877	0.801	0.989	0.974	0.955	0.937	0.897
	PSO	0.979	0.950	0.909	0.882	0.802	0.989	0.975	0.954	0.940	0.897
	GA	0.979	0.949	0.909	0.878	0.802	0.989	0.975	0.954	0.938	0.897
	GWO	0.979	0.950	0.912	0.882	0.802	0.989	0.975	0.957	0.940	0.897
	QGWO	0.979	0.950	0.912	0.882	0.802	0.989	0.975	0.957	0.940	0.897
AR	SFLA	0.980	0.954	0.929	0.903	0.901	0.990	0.977	0.964	0.950	0.951
	PSO	0.980	0.961	0.935	0.912	0.871	0.990	0.981	0.967	0.955	0.934
	GA	0.980	0.951	0.927	0.908	0.848	0.990	0.975	0.963	0.953	0.921
	GWO	0.990	0.988	0.977	0.963	0.927	0.995	0.994	0.989	0.981	0.964
	QGWO	0.992	0.991	0.984	0.966	0.928	0.996	0.996	0.992	0.983	0.965

预报模型	算法	RMSE/(10^4m^3)					MAE/(10^4m^3)				
		1d	3d	5d	7d	9d	1d	3d	5d	7d	9d
NR	SFLA	6.336	10.742	14.004	15.440	20.160	2.634	5.810	8.381	9.820	12.719
	PSO	6.338	10.734	13.982	15.778	20.079	2.607	5.780	8.407	9.723	12.557
	GA	6.341	10.737	14.090	15.325	20.410	2.593	5.799	8.492	9.666	13.230
	GWO	6.338	10.696	13.982	15.318	20.079	2.607	5.769	8.406	9.682	12.557
	QGWO	6.336	10.696	13.982	15.318	20.079	2.634	5.770	8.406	9.682	12.557
NA	SFLA	6.330	9.849	12.960	15.254	19.367	2.596	4.728	7.112	8.820	12.385
	PSO	6.328	9.757	13.112	14.901	19.328	2.591	4.768	7.115	8.784	12.398
	GA	6.329	9.776	13.086	15.156	19.330	2.596	4.783	7.123	8.755	12.374
	GWO	6.328	9.758	12.874	14.891	19.325	2.591	4.766	6.793	8.787	12.398
	QGWO	6.328	9.747	12.874	14.891	19.325	2.591	4.818	6.793	8.787	12.401

续表

预报模型	算法	RMSE/(10^4m^3)					MAE/(10^4m^3)				
		1d	3d	5d	7d	9d	1d	3d	5d	7d	9d
AR	SFLA	6.150	9.303	11.587	13.546	13.681	2.562	4.495	6.373	7.763	8.976
	PSO	6.178	8.527	11.070	12.877	15.585	2.546	4.253	6.138	7.428	8.935
	GA	6.191	9.620	11.772	13.184	16.953	2.555	4.693	6.459	7.450	10.175
	GWO	4.318	4.683	6.578	8.368	11.745	2.277	2.616	3.894	4.588	6.064
	QGWO	3.883	4.167	5.575	8.040	11.662	2.209	2.402	3.590	4.477	6.758

表 5-6　不同预报模型下不同算法的检验期性能评价（平地水库）

预报模型	算法	NSE					R				
		1d	3d	5d	7d	9d	1d	3d	5d	7d	9d
NR	SFLA	0.994	0.933	0.820	0.737	0.655	0.997	0.966	0.909	0.871	0.817
	PSO	0.993	0.933	0.818	0.739	0.658	0.997	0.966	0.908	0.870	0.819
	GA	0.993	0.933	0.816	0.737	0.656	0.997	0.966	0.907	0.871	0.818
	GWO	0.996	0.933	0.823	0.739	0.661	0.998	0.966	0.908	0.870	0.814
	QGWO	0.996	0.933	0.823	0.741	0.661	0.998	0.966	0.908	0.874	0.815
NA	SFLA	0.994	0.935	0.847	0.731	0.678	0.997	0.968	0.927	0.870	0.837
	PSO	0.993	0.935	0.847	0.733	0.678	0.997	0.968	0.927	0.868	0.837
	GA	0.993	0.935	0.847	0.731	0.678	0.997	0.969	0.927	0.870	0.837
	GWO	0.996	0.935	0.847	0.733	0.678	0.998	0.968	0.927	0.868	0.837
	QGWO	0.996	0.935	0.847	0.733	0.678	0.998	0.968	0.927	0.868	0.837
AR	SFLA	0.995	0.941	0.854	0.746	0.708	0.998	0.971	0.928	0.885	0.849
	PSO	0.996	0.943	0.852	0.742	0.722	0.998	0.971	0.928	0.886	0.859
	GA	0.994	0.940	0.851	0.742	0.681	0.997	0.970	0.927	0.884	0.836
	GWO	0.998	0.959	0.891	0.857	0.815	0.999	0.979	0.946	0.929	0.904
	QGWO	0.998	0.961	0.907	0.872	0.856	0.999	0.980	0.954	0.935	0.926

续表

预报模型	算法	RMSE/(10^4m^3)					MAE/(10^4m^3)				
		1d	3d	5d	7d	9d	1d	3d	5d	7d	9d
NR	SFLA	1.143	3.668	6.015	7.266	8.333	0.682	1.642	3.138	4.025	5.195
	PSO	1.193	3.668	6.052	7.241	8.292	0.682	1.633	3.170	4.068	5.285
	GA	1.165	3.669	6.084	7.270	8.321	0.698	1.637	3.212	4.035	5.213
	GWO	0.897	3.668	5.962	7.241	8.253	0.617	1.633	3.380	4.072	5.442
	QGWO	0.897	3.668	5.962	7.215	8.253	0.617	1.633	3.380	4.094	5.418
NA	SFLA	1.143	3.604	5.550	7.353	8.042	0.682	2.039	3.270	4.339	4.994
	PSO	1.193	3.603	5.543	7.328	8.043	0.682	2.039	3.268	4.360	4.994
	GA	1.165	3.602	5.550	7.350	8.042	0.698	2.041	3.270	4.341	4.979
	GWO	0.897	3.603	5.543	7.328	8.042	0.617	2.039	3.268	4.360	4.992
	QGWO	0.897	3.603	5.543	7.328	8.042	0.617	2.039	3.268	4.359	4.991
AR	SFLA	0.956	3.440	5.409	7.152	7.662	0.609	1.933	3.168	4.314	4.744
	PSO	0.911	3.388	5.445	7.202	7.469	0.661	1.875	3.220	4.216	4.634
	GA	1.080	3.485	5.479	7.208	8.014	0.666	1.994	3.165	4.453	4.965
	GWO	0.680	2.880	4.680	5.357	6.099	0.416	1.541	2.569	3.197	3.825
	QGWO	0.618	2.807	4.330	5.063	5.385	0.405	1.480	2.413	3.031	3.489

针对 NA 模型和 NR 模型，五种算法优化模型参数之间的差距不明显，因此绘制适应度值（NSE）收敛过程，如图 5-5 所示。由图可知，QGWO 算法和 GWO 算法最快实现全局最优，尤其是本研究提出的 QGWO 算法，其在种群初始过程中采用量子比特编码，提高了初始种群的多样性，加快了全局收敛的速度。

为进一步说明算法的有效性，本研究针对 AR 模型，分别绘制长春岭水库和平地水库预测结果与实测数据的相关性散点图，如图 5-6 和图 5-7 所示。考虑到预见期为 1d 时所有算法的预测精度相同，因此只展示了预见期为 3d、5d、7d、9d 时的结果。由图可知，QGWO 算法在所有预见期内更接近于 1 ： 1 直线，说明与实测可供水量序列更接近，尤其对于平底水库，所有算法的预测水平均较差，但 QGWO 算法明显更集中于 1 ： 1 直线附近。以上均说明了 QGWO 算法的有效性。

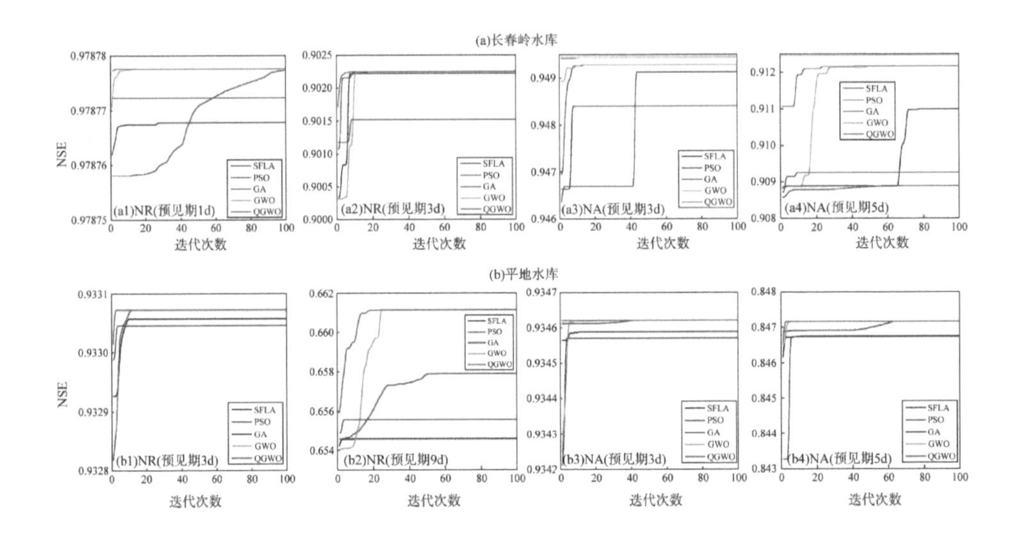

图 5-5　NR 模型和 NA 模型下不同算法检验期 NSE 性能指标收敛情况

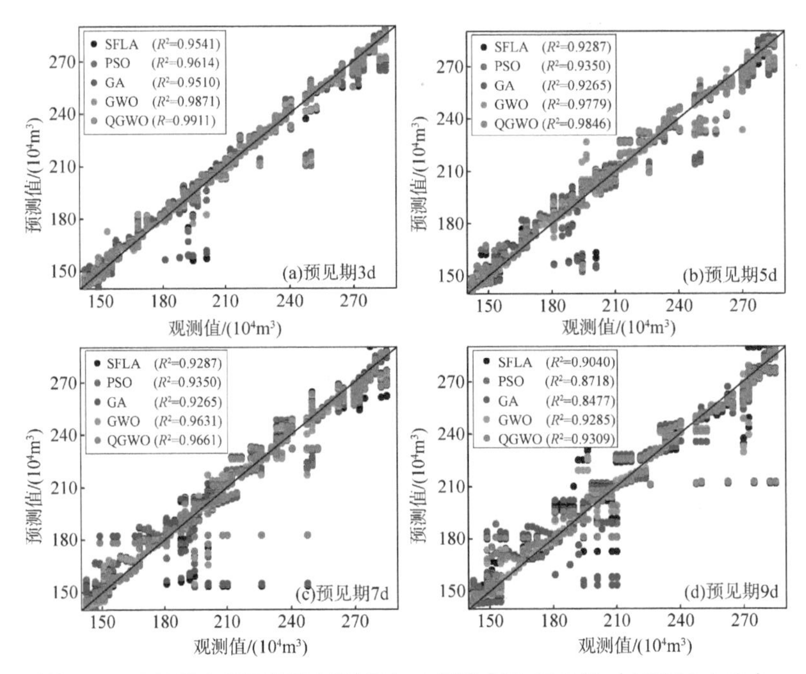

图 5-6　不同算法预见期预测结果与实测数据的相关性（长春岭水库）

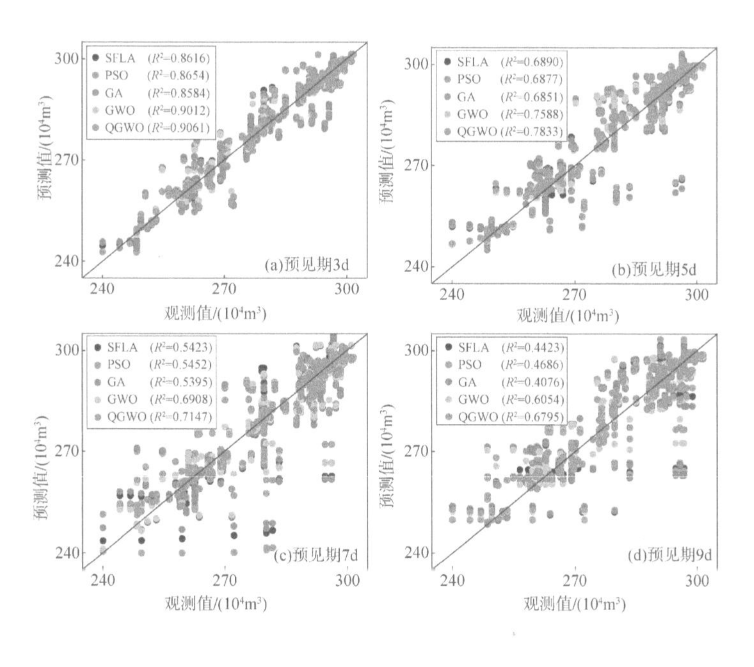

图 5-7　不同算法预见期预测结果与实测数据的相关性（平地水库）

不同预报模型（NR、NA、AR）的性能评价指标（NSE、R、RMSE、MAE）的对比情况如表 5-7 所示，由表可知三种模型的预测精度为：AR>NA>NR。AR 模型的预报精度明显高于 NA 模型，例如，对于长春岭水库，在预见期 9d 时 AR 模型较 NA 模型，NSE 和 R 指标分别提高 15.69% 和 7.52%，RMSE 和 MAE 分别减少 39.66% 和 45.51%。以上说明自适应滚动机制能够实时更新时间序列的动态变化信息，以此提高预报精度。整体而言，NA 模型预报精度优于 NR 模型，说明递归机制虽然在预报过程中受模型预报误差累积影响，但在前期预见期精度较高的情况下能够将先前的时间步预测值作为输入值提高预测精度。

表 5-7 不同预报模型在长春岭和平地水库的检验期性能评价

评价指标	预见期/d	长春岭水库			平地水库		
		NR	NA	AR	NR	NA	AR
NSE	1	0.979	0.979	0.992	0.996	0.996	0.998
	3	0.939	0.950	0.991	0.933	0.935	0.961
	5	0.896	0.912	0.984	0.823	0.847	0.907
	7	0.876	0.882	0.966	0.741	0.733	0.872
	9	0.786	0.802	0.928	0.661	0.678	0.856
R	1	0.989	0.989	0.996	0.998	0.998	0.999
	3	0.969	0.975	0.996	0.966	0.968	0.98
	5	0.947	0.957	0.992	0.908	0.927	0.954
	7	0.936	0.940	0.983	0.874	0.868	0.935
	9	0.888	0.897	0.965	0.815	0.837	0.926
RMSE /($10^4 m^3$)	1	6.336	6.328	3.883	0.897	0.897	0.618
	3	10.696	9.747	4.167	3.668	3.603	2.807
	5	13.982	12.874	5.575	5.962	5.543	4.33
	7	15.318	14.891	8.040	7.215	7.328	5.063
	9	20.079	19.325	11.662	8.253	8.042	5.385
MAE /($10^4 m^3$)	1	2.634	2.591	2.209	0.617	0.617	0.405
	3	5.770	4.818	2.402	1.633	2.039	1.48
	5	8.406	6.793	3.690	3.380	3.268	2.413
	7	9.682	8.787	4.477	4.094	4.359	3.031
	9	12.557	12.401	6.758	5.418	4.991	3.489

进一步，分析不同预测模型对不同预见期的预报精度。当预见期为 1d，NA 和 NR 模型的预测过程是相同的，因此在 QGWO 算法参数优化过程收敛的前提下，两者结果相同。由表 5-7 可知，随着预见期不断增加，NR 模型和 NA 模型预测精度逐渐降低（NSE 和 R 不断减小，RMSE 和 MAE 不断增加）；然而，AR 模型预报结果四个性能指标变化幅度较小。对于长春岭水库，NA 模型和 NR 模型只在预见期为 1d、3d、5d、7d 时表现良好，尤其是 NR 模型在预见期为 9d 时，NSE 小于 0.8；而 AR 模型在所有预见期内均表现优秀，NSE 均大于 0.9。对于平地水库，NA 模型和 NR 模型仅在预见

期为 1d、3d、5d 时表现较好，而在预见期为 7d、9d 时 NSE 小于 0.8 且预报精度远小于 AR 模型。不同预报模型在不同预见期下预测结果与实测数据的相关性如图 5-8 和图 5-9 所示，随着预见期的增加，NA 模型和 NR 模型逐渐偏离于直线 $y=x$，而 AR 模型的预报结果与实测结果更为接近。综上所述，AR 模型的预报效果明显优于 NA 模型和 NR 模型，有更好的泛化能力和稳定的性能。

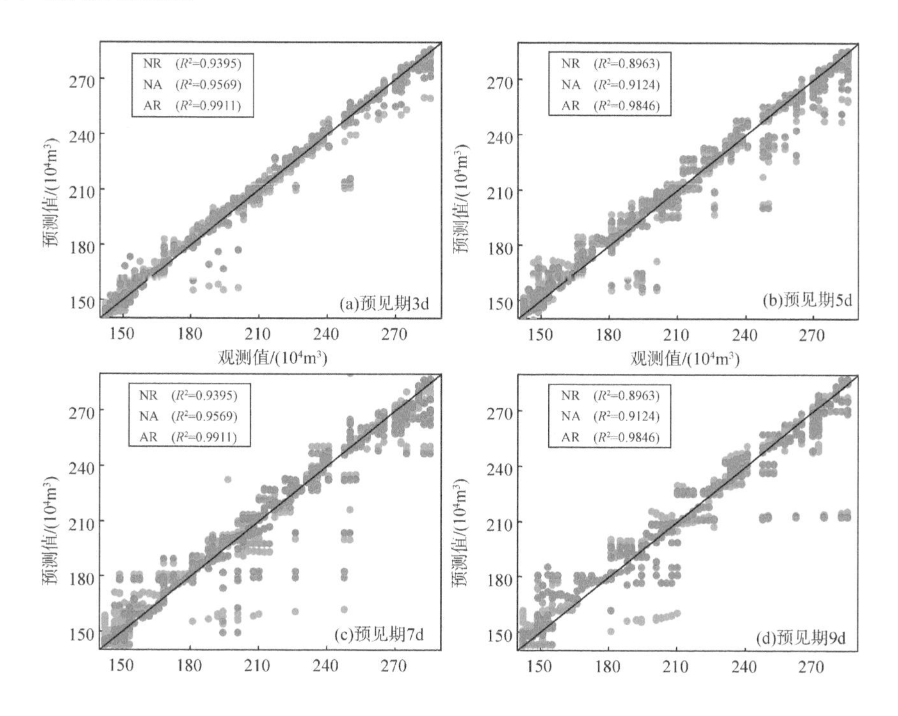

图 5-8 不同模型（NR，NA，AR）下预见期为 3d、5d、7d 和 9d 时预测结果与实测数据的相关性（长春岭水库）

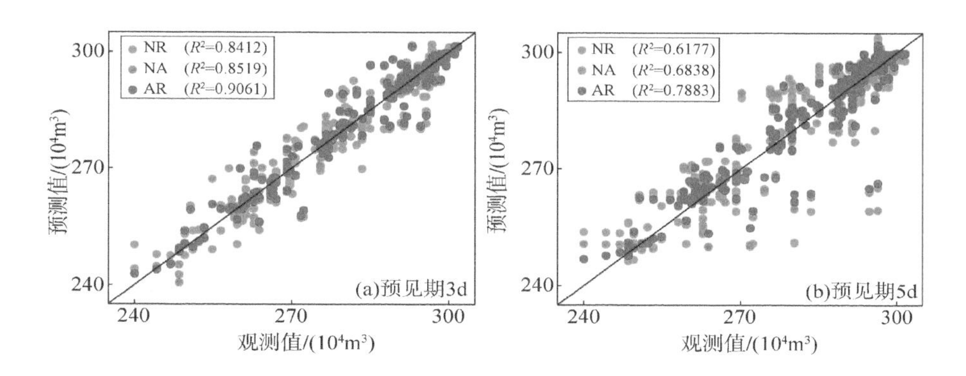

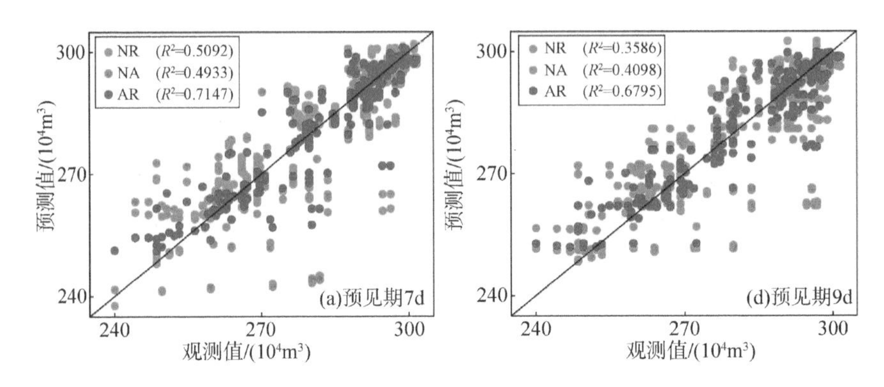

图 5-9 不同模型（NR，NA，AR）下预见期为 3d、5d、7d 和 9d 时预测结果与实测数据的相关性（平地水库）

5.3.3 AR 模型对高低可供水量模拟预测有效性分析

进一步评估 AR 模型对高低可供水量模拟预测精度。以 NA 模型和 NR 模型作为对比模型，考虑到三个模型在预见期为 1d 时效果均较好，重点对比预见期 3d、5d、7d、9d 时的预测结果。对长春岭水库和平地水库的可供水量时间序列进行排序，选择前 5% 部分作为高可供水量，后 5% 部分作为低可供水量，采用平均相对误差（ARE，%）性能指标评估预测效果，结果如图 5-10 所示。由图可知，对于长春岭水库，AR 模型进行低可供水量预测，在预见期为 3d、5d、7d、9d 时的 ARE 范围为 [0.06%，4.77%]、[0.03%，5.09%]、[0.32%，5.65%] 和 [0.01%，25.49%]；进行高可供水量预测，ARE 范围为 [0.04%, 3.43%]、[0.10%, 7.86%]、[0.06%, 3.04%] 和 [0.74%, 4.76%]。虽然在低可供水量预测预见期为 5d 时，AR 模型的 ARE 分布较 NA 模型更广泛，且较差于 NA 模型，但其在对高可供水量进行预见期 5d 的预测时，AR 模型明显优于 NA 模型和 NR 模型。对于平地水库，AR 模型进行低可供水量预测，在预见期 3d、5d、7d、9d 时的 ARE 范围为 [0.04%，4.87%]、[0.49%，4.63%]、[0.20%，5.66%] 和 [0.05%，6.14%]；进行高可供水量预测，ARE 范围为 [0.00, 1.13%]、[0.00, 1.22%]、[0.01%, 1.80%] 和 [0.01%, 2.10%]。虽然从可供水量时间序列角度来说，AR 模型在长春岭水库的预测效果优于平地水库，但从中高低局部可供水量预测效果来说，AR 模型对平地水库的可供水量预测效果优于平地水库。整体而言，NA 模型的预测误差小于 NR 模型，进一步说明了递归多步预测机制更适用于舟山本岛水库群。

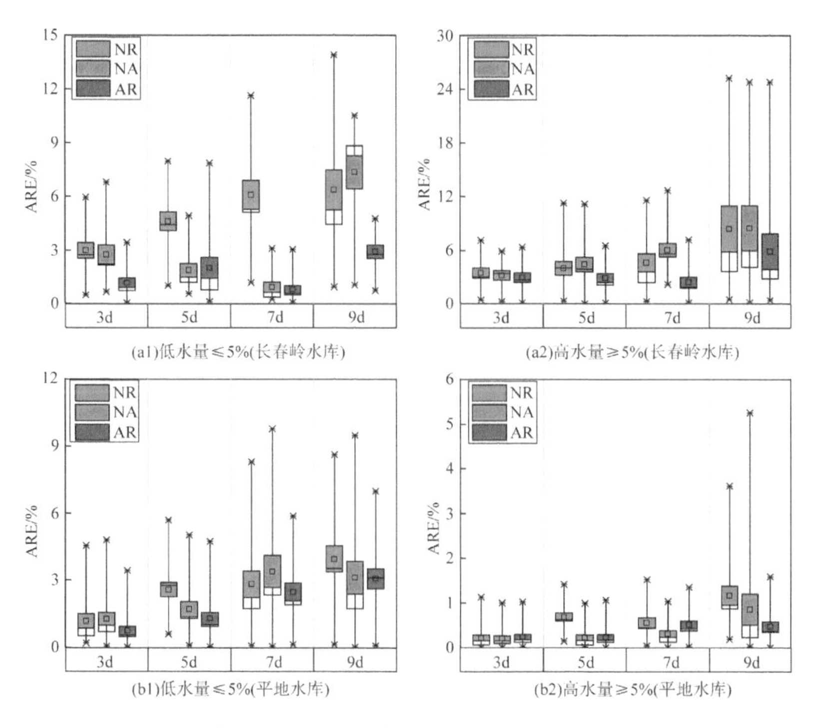

图 5-10　不同模型（NR，NA，AR）下预见期下高低可供水量预测结果对比

选择同时包含中高可供水量的时间序列预测结果进行分析和对比，结果如图 5-11 和图 5-12 表示。由图可知，NA 模型和 NR 模型均有明显的滞后现象，尤其是 NR 模型表现最差，而 AR 模型预测结果更接近实际数据，进一步说明考虑自适应递归机制的多步预测模型能够提高预测精度。虽然随着预见期增加，NA 模型和 NR 模型表现逐渐变差，而 AR 模型预测精度相对稳定，但 AR 模型仍然不能避免出现滞后现象，这主要由于本次预测过程仅考虑可供水量的自身信息，未考虑降水、蒸发等气象数据信息，后期研究可以耦合气象信息进一步提升预测精度。对于长春岭水库，NA 模型和 NR 模型对低水的预测比高水精度更高，而对于平地水库，两者表现相反。相对而言，本研究提出的 AR 模型对高水和中水的预测效果更稳定。

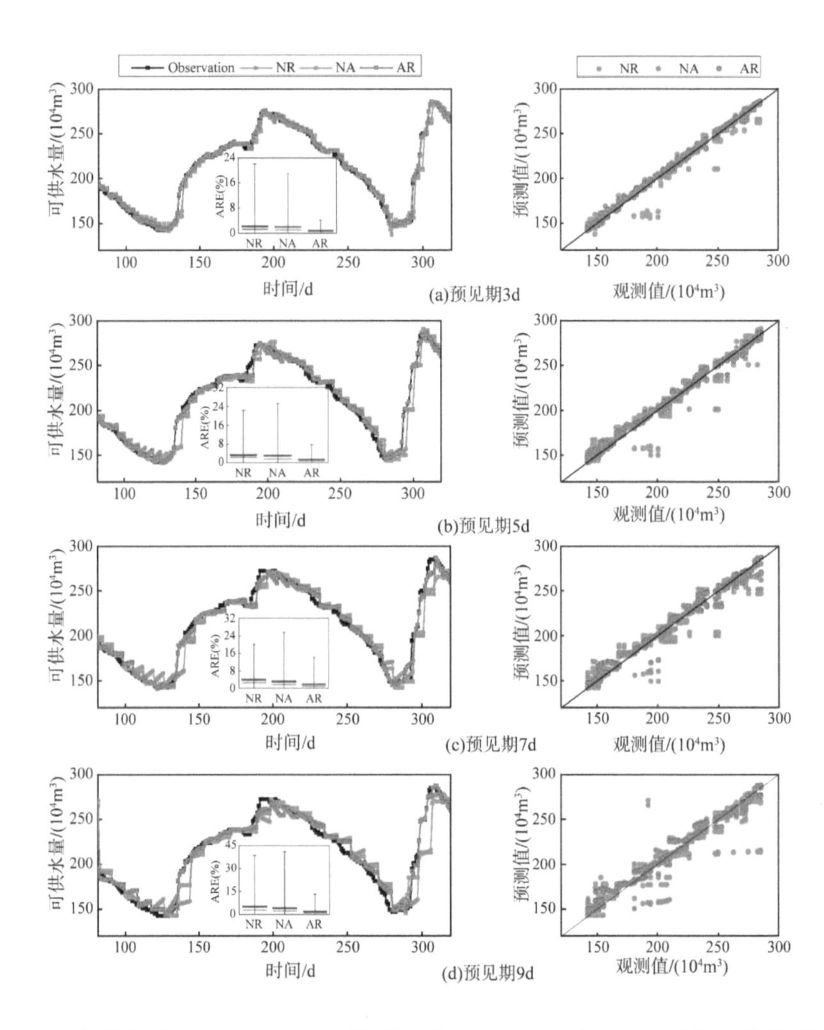

图 5-11 不同模型（NR，NA，AR）下预见期 3d、5d、7d 和 9d 时时间序列预测结果（长春岭水库）

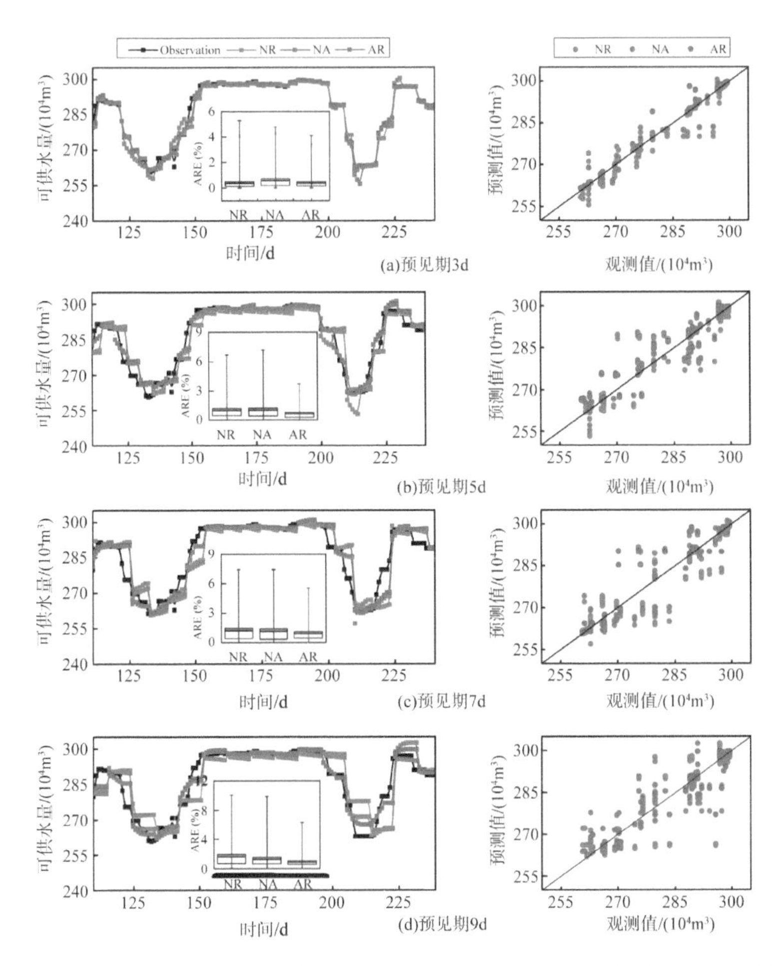

图 5-12　不同模型（NR，NA，AR）下预见期 3d、5d、7d 和 9d 时时间序列预测结果（平地水库）

进一步评估不同预报模型在不同预见期的预测效果，结果如图 5-13 和图 5-14 所示。一般而言，随着预见期的增大，预见效果会逐渐变差。对 NA 模型和 AR 模型而言，其内部考虑递归多步预测模式，误差的不断累积会导致预报精度逐渐降低；针对 NR 模型同时构建多个模型，没有考虑预测的相邻两个值的相关性，导致随着预见期的增加预报精度逐渐降低。然而，在某些情况下预测效果并不随着预见期的增加而减弱。例如，对于长春岭水库的高可供水量预测，AR 模型在预见期为 7d 时 ARE 分布范围为 [0.46%，5.66%]，是所有预见期内最差的；对于平地水库的低可供水量预测，AR 模型在预见期为 7d 时 ARE 分布范围为 [0.06%，5.56%]，较预见期 9d 时的 ARE

分布范围为 [0.02%，2.43%] 更广泛。以上说明虽然时间序列整体表现良好，但是局部预测效果可能较差。因此，对于实际预报预测，可以通过高中低可供水量分类的方式，对每类进行单独建模预测，提高局部的预测效果。

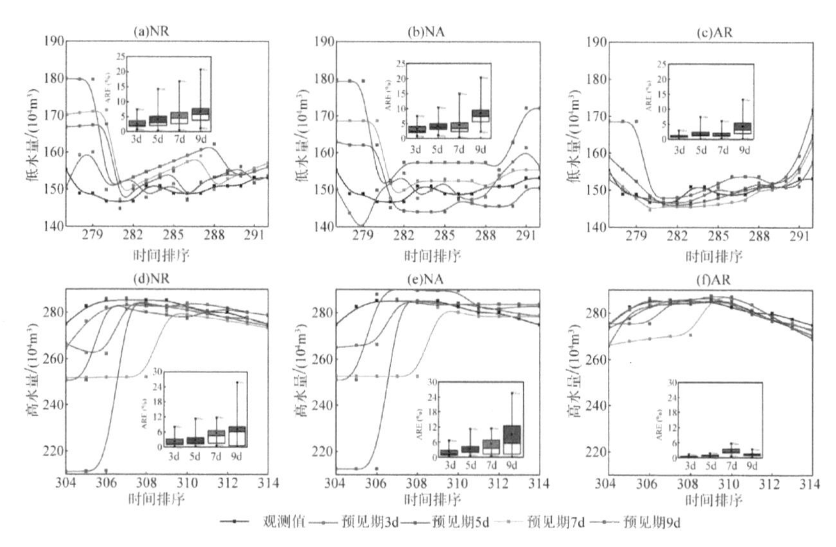

图 5-13　不同模型（NR，NA，AR）下预见期 3d、5d、7d 和 9d 时高、低可供水量时间序列局部预测结果（长春岭水库）

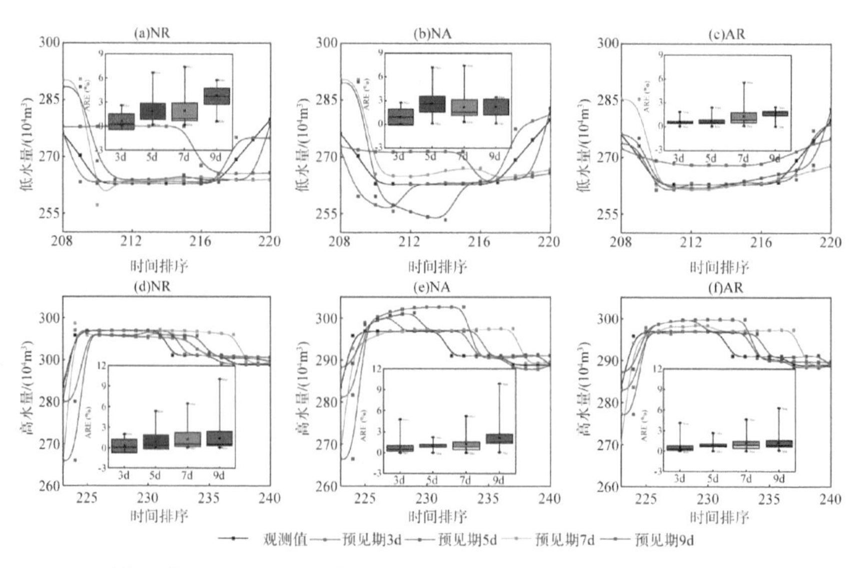

图 5-14　不同模型（NR，NA，AR）下预见期 3d、5d、7d 和 9d 时高、低可供水量时间序列局部预测结果（平地水库）

5.4　本章小结

本章针对水库可供水量变化的非平稳性，筛选预报因子，构建基于支持向量机的可供水量自适应滚动多步预报预测（AR）模型，并通过耦合量子比特理论改进灰狼算法进行预测模型的参数优化，不仅能突破水文模型参数率定难、智能模型结果可解释性难的问题，而且能提高可供水量预报和传统调度规则模拟精度。本章的主要结论如下。

1）与传统单目标优化算法（GA、PSO、SFLA 和 GWO）相比，本章提出的 QGWO 算法针对标准数学测试函数和水库可供水量预测模型参数优化实际案例，收敛速度快且适应度值全局最优结果较高。说明采用量子比特编码初始种群，耦合自适应惯性权重和量子灾变能够提高算法性能。

2）选择 NR 多步预测模型和 NA 多步预测模型作为对比模型，说明 AR 模型的有效性，三种模型的预测精度受制：AR>NA>NR，说明自适应滚动机制能够实时更新时间序列的动态变化信息，以此提高预报精度。整体而言，NA 模型预报精度优于 NR 模型，说明递归机制虽然在预报过程中受模型预报误差累积影响，但在前期预见期精度较高的情况下能够将先前的时间步预测值作为输入值提高预测精度。

3）AR 模型对高低可供水量模拟效果优于 NA 模型和 NR 模型。选择同时包含中高可供水量的时间序列预测结果进行分析和对比，NA 模型和 NR 模型均有明显的滞后现象，而 AR 模型预测结果更接近实际数据。虽然随着预见期增加，NA 模型和 NR 模型表现逐渐变差，而 AR 模型预测精度相对稳定，但 AR 模型仍然不能避免出现滞后现象，这主要由于本次预测过程仅考虑可供水量的自身信息，未考虑降水、蒸发等气象数据信息，后期研究可以耦合气象信息进一步提升预测精度。

第 6 章 基于人工经验的海岛地区水库群调度规则建立和模拟

基于人工经验的海岛地区水库群调度规则建立和模拟是一种重要的方法，通过借鉴专业人员的经验和知识，结合实际情况和历史调度数据，可以建立一套科学合理的调度规则，以指导水库群的日常运行和水资源调配。本章以舟山海岛地区为研究对象，开展基于人工经验的水库群调度规则建立和模拟，分析不同情景下的调度决策方案。

6.1 水资源系统概化

在构建模型之前，首先需要确定研究区域范围内存在的水力关系。本章基于舟山海岛地区的 27 个水库、4 个水厂和 7 条河道展开分析。水库通过泵站抽水、自流或是虹吸等方式对水厂进行供水，河道中的水资源通过翻水到水库中再实现对水厂的供水，并且在管道运输的过程中，涉及 20 个泵站的工作。通过分析水库与水厂、河道与水库，以及泵站之间的关系，明确舟山海岛上的水力关系，进行水资源系统概化，根据水力关系和各水库水厂分布的位置画出水资源系统概化，如图 6-1 所示。

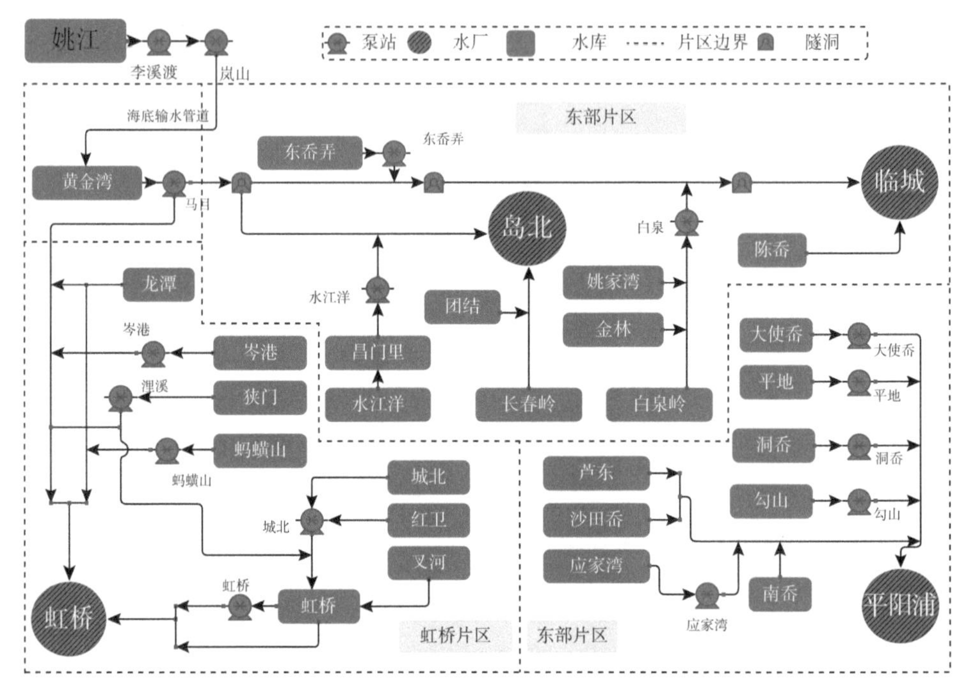

图 6-1　舟山跨流域引水及供水工程系统概化

本章对舟山海岛范围内涉及的工程要素进行节点编码。真实节点代表舟山海岛供水系统内参与供水过程的各工程要素（水库、河道及泵站）；虚拟节点代表各运输管道、河道之间存在的汇流口或分流出口；管段代表运输过程中的供水管道或渠道。据此方式获得的编码信息如表 6-1、表 6-2、表 6-3 所示。

表 6-1 岛北片区节点和管段对应关系

节点类型	节点编号	节点具体名称
真实节点（水库）	1	黄金湾预处理厂
	2	东岙弄水库
	3	大沙水库
	4	水江洋水库
	5	昌门里水库
	6	团结水库
	7	长春岭水库
	8	白泉岭水库
	9	金林水库
	10	姚家湾水库
	11	陈岙水库
真实节点（河道）	12	大沙中心河
	13	大龙下河
	14	白泉中心河
真实节点（水厂）	15	岛北水厂
	16	临城水厂
真实节点（泵站）	17	马目增压泵站
	18	东岙弄翻供水泵站
	19	水江洋翻水泵站
	20	马岙泵站
	21	白泉翻供水泵站
虚拟节点	22—35	虚拟节点
管段（共40条）	1—40	a–z, A–N

表 6-2　虹桥片区节点与管段之间的联系

节点类型	节点编号	节点具体名称
真实节点（水库）	1	龙潭水库
	2	岑港水库
	3	狭门水库
	4	蚂蟥山水库
	5	城北水库
	6	红卫水库
	7	叉河水库
	8	虹桥水库
真实节点（水厂）	9	定海水厂
真实节点（河道）	10	紫薇河
真实节点（泵站）	11	岑港泵站
	12	浬溪翻供水泵站
	13	蚂蟥山泵站
	14	城北泵站
	15	虹桥上泵站
虚拟节点	16—24	虚拟节点
管段（共 25 条）	1—25	a–y

表 6-3　东部片区节点与管段之间的联系

节点类型	节点编号	节点具体名称
真实节点（水库）	1	洞岙水库
	2	勾山水库
	3	平地水库
	4	大使岙水库
	5	芦东水库
	6	沙田岙水库
	7	南岙水库
	8	应家湾水库

续表

节点类型	节点编号	节点具体名称
真实节点（河道）	9	勾山河
	10	展茅河
	11	芦花河
真实节点（水厂）	12	平阳浦水厂
真实节点（泵站）	13	洞岙泵站
	14	勾山翻供水泵站
	15	平地（展茅）翻水泵站
	16	平地（展茅）供水泵站
	17	大使岙翻供水泵站
	18	应家湾泵站
	19	中塘翻供水泵站
虚拟节点	22—27	虚拟节点
管段（共31条）	1—31	a-z, A-E

6.2　调度规则建立

6.2.1　调度总则与依据

水库调度规则是水库调度运行的依据性文件，水库调度应遵循“安全第一，统筹兼顾”的原则，保证水库工程安全，服从防洪总体安排的前提下，协调各用水部门的关系，发挥水库的综合效益[94]。我国颁布的《全国水资源综合规划技术大纲》对水资源合理配置给出了一个比较权威的定义，即“在流域或特定的区域范围内，遵循有效性、公平性和可持续性的原则，利用各种工程与非工程措施，按照市场经济的规律和资源配置准则，通过合理抑制需求、保障有效供给、维护和改善生态环境质量等手段和措施，对多种可利用水源在区域间和各用水部门间进行的配置”[95]。舟山海岛地区在水资源配置的过程中，需在地区发展、民生保障、社会经济等整体规划的指引下，建立舟山海岛地区水资源配置的原则和依据。

舟山海岛地区水源主要来源于降雨，水资源数量非常有限[96]，难以满足当地社会经济发展对水资源的实际需求，因此必须采用从大陆引水的方式以缓解用水紧张，提高舟山海岛地区的水资源保障能力。但从大陆引水的运行成本较高，且在运输途中会产生不可避免的损失，不利于资源的高效利用。因此在水资源调度的过程中，需科学合理地进行，考虑不同水源利用的先后顺序，最大限度利用本地水源，同时在蓄存必要的本地可供水量的基础上再进行大陆引水。

6.2.2　仿真调度规则概述

舟山海岛地区的水资源调度遵循科学合理的调度依据，采用成熟可靠的技术和手段，研究优化调度方案，提高水库调度的科学技术水平。舟山海岛通过调用其 27 个水库（包括 5 个自有水库和 22 个非自有水库）蓄水和大陆引水，对 4 个水厂（岛北水厂、临城水厂、定海水厂、平阳浦水厂）进行供水，根据对水厂供水量的预测，实现供水保证率达到 100%。调度需满足以下具体规则。

6.2.2.1　遵循基本原则

（1）水库供水的基本原则

舟山海岛地区的水资源调度主要由 27 个水库向对应的各水厂进行供水，在优化调度的过程中，供水量上限的取值为当日各水库的可供水量预报值。即某水库在该日的可供水量为通过预报得到的库容减去该水库的保库库容。

（2）海岛取水量限值

虽然水资源调度需尽可能最大程度地利用海岛水资源，但不能无限制取水，因此，根据舟山市政府的有关规定，海岛取水总量每年不得超过 7300 万 m^3，每日的取水总量不得超过 24 万 m^3。

（3）大陆引水量限值

由于大陆引水是基于大陆引水一期工程、二期工程和三期工程而实现的，工程的规模决定了引水量具有上限值，因此不能无限制引水，并且从大陆引水的成本也相对较高。综上所述，舟山市政府根据当地的发展规划和大陆引水工程的引水能力，制定了相关规定，大陆引水总量每年不得超过4400万 m^3。各水源向定海水厂供水不超过7.8万 m^3/日，向临城水厂和岛北水厂供水总和不超过17.5万 m^3/日。

（4）运输过程渗漏损失

目前，根据已知的管道数据和运输效率等情况，可以得知水资源在运输过程中会产生约6%的损失。在水资源配置的过程中，仍然会计算这6%的损失所产生的成本。

（5）水质限制条件

在水资源调度的过程中需考虑水质的因素。由于水厂中的水资源一部分会作为居民的生活用水，因此不能忽视对水质的要求。需在调度之前，应对各水源的水质进行检测，如若水质检测不合格，则无法进行实时调水，需放弃该水源，并对该水源以一定的科学技术手段进行处理，改善其水质情况。

6.2.2.2　遵循水库特性规则

根据各水库的工作方式和水库本身的特性，调度过程中需遵循调度规则。以下以虹桥、岑港等五个大型水库为例进行介绍。

（1）虹桥水库

虹桥水库库容达到840万 m^3 后，库水将自动灌满DN800虹吸管，最大流量为4000t/h；当水位下降至680万 m^3，虹吸管不能正常工作，流量可勉强保持1500t/h；当库容下降至680万 m^3 以下时，需要水库上泵房开机进行供水，流量可在500~2000t/h调动。虹桥水库每日至少供2.4万 m^3 的水量，考虑到水库特性和管道活水要求，需一直参与供水。

（2）岑港水库

岑港水库通过启闭机用水泵加压进行供水，最大流量为2000t/h。岑港水库每日至少供1.2万 m^3 的水量。

（3）昌门里水库

昌门里水库通过DN400管道自流并入大陆管网，最大流量为420t/h。

水库库容在下降至 80 万 m³ 后，停止供水。昌门里水库每日至少供 0.3 万 m³ 的水量，上限为 1.2 万 m³ 每日。

（4）长春岭水库

长春岭水库经启闭机 DN800 管道直接进入岛北水厂，流量为 200~3100t/h，水库保库库容为 30 万 m³。长春岭水库在水库蓄水量 150~200 万 m³，结合水厂需水量，尽快供水，一般供水量为 3.5 万。200 万以上则可采取最大供水量，最大理想供水量约为 6.5 万 m³/ 日。长春岭水库在水库蓄水量为 120 万 m³ 以上，150 万 m³ 以下时，供水量为 1.5 万 m³/ 日；在水库蓄水量下降至 126 万 m³ 时，则降低供水量至 5000m³/ 日。长春岭水库供水量下限值为 0.5 万 m³/ 日，即每日至少供 0.5 万 m³ 的水量。

（5）芦东水库

芦东水库通过 DN400 管道与沙田岙水库 DN500 管道连接，最大供水量为 1000t/h。当库容下降至 9 万 m³ 时，无法供水。芦东水库一般也留有应急水量，在蓄水量为 70 万 m³ 时，会减少供水量至 5000m³/ 日，转由其他水库供水；当芦东水库低于 60 万 m³ 时，不会停供，仍有 500m³ 活水在流动；芦东水库供水量下限值为 0.2 万 m³/ 日，即每日至少供 0.2 万 m³ 的水量（保证芦东水库和沙田岙水库的管道为活水）。

6.2.2.3 遵循泵站特性规则

由于各泵站的工作方式不同且具有其自身的特性，在调度的过程中需要考虑泵站的工作能力和泵机开启数量的限制。以下为各泵站工作的具体方式。1~4 号泵站的泵机同时开启的数量须遵循相应的数量规定，5~19 号泵机均采用同一种工作方式，即假设泵机总数为 N，可同时工作 $N-1$ 台，剩余 1 台作为备用（泵站工作规则来源于舟山原水集团，数值限值为按照规则和泵站数据资料通过计算得来）。

6.2.2.4 遵循管道特性规则

水资源在舟山海岛水库调度的过程中需经过管道来完成输送，但鉴于管道的类型及具体情况，需考虑管道的过流能力，不能无限制调水，并且当入流和出流的过程共用同一管道时，需对此类情况进行相应的处理，按照规则执行。

（1）管道过流能力

管道过流能力的确定需根据不同供水方式而调整。如有泵站参与水库的供水过程，则从水库至泵站和从泵站至水厂（或另一条管道连接处）的管道过流能力可以参考该泵站的抽水能力；如水库通过自流或虹吸方式进行供水，运输过程没有泵站进行抽水，则运输途中的管道过流能力参考该水库的自流能力或虹吸能力。

（2）入流与出流共用同一管道

根据舟山海岛的水力关系，水资源在运输的过程中存在入流和出流共用同一根管道的情况，由于水流方向不一致，因此入流和出流不能同时存在，针对此类情况，需进行特殊处理。比如：利用东岙弄翻供水泵站，从大沙中心河翻水进入东岙弄水库，与从东岙弄水库供水出流共用同一管道，通过本研究调度模型处理约束后，实现在执行的过程中翻水时则不进行供水，供水时则不进行翻水。

6.2.3 水库群仿真调度模型构建

6.2.3.1 仿真调度基础

在仿真调度过程中，本研究将舟山海岛按照“分区—分级”的方法划分为不同的片区，每个片区依托于不同水厂的需水量，结合水库当前蓄水量和调度规则，在满足各水库的供水上限、蓄水量下限、供水能力等约束条件的前提下，获取水库群仿真调度方案。

（1）定海水厂

供水过程：优先考虑虹桥水库、岑港水库、龙潭水库、蚂蟥山水库和城北水库进行供水；其次考虑其他小水库翻水到虹桥（狭门水库、红卫水库及叉河水库）；如供水仍未能满足，则考虑大陆引水。龙潭水库、蚂蟥山水库属于补充用水，龙潭水库属于常年用水，供水量多少根据水库蓄水量而定。

（2）岛北水厂

供水过程：优先考虑长春岭水库、东岙弄水库、昌门里水库和团结水库进行供水；如无法满足岛北水厂需水，则考虑水江洋水库供水；如仍无法满足，则考虑大陆引水。东岙弄水库视水库蓄水量而定，一旦水库蓄水量低于120 万 m^3，不参与供水。昌门里水库为补充用水，每日最大供水量为 1.2 万 m^3。

（3）临城水厂

供水过程：优先考虑白泉岭水库，如无法满足临城水厂需水，再考虑陈岙水库、洞岙水库、金林水库和姚家湾水库进行供水；如仍无法满足需水要求，则考虑大陆引水。

（4）平阳浦水厂

供水过程：根据平阳浦水厂的需水量，按照芦东水库和沙田岙水库的最大供水能力（2.7 万 m^3/ 日）优先供水；如无法满足供水需求，则考虑勾山水库（自流优先）；如仍无法满足，再考虑展茅平地水库（泵站供水）；如仍无法满足，再考虑大使岙水库和南岙水库；最后考虑应家湾水库。

6.2.3.2 常规模式

根据舟山海岛的实际情况，当海岛水库群（27 座水库）的总储水量不低于总库容的 44% 时且虹桥水库蓄水量不低于 700 万 m^3 时，判定为常规模式。

常规模式下的调度理念：应优先使用海岛水资源，如海岛可供水量无法满足水厂需求，再使用大陆引水来满足水厂需求。以此方式可优化舟山的供水结构，降低供水成本。

常规模式下的泵站工作方式：若有 M 台泵机，则最多同时开启 $M-1$ 台泵机，留有一台备用泵机，以此计算泵站的工作输水能力。

6.2.3.3 抗旱模式

根据舟山海岛的实际情况，当海岛水库群（27 座水库）的总储水量低于总库容的 44% 时或在虹桥水库蓄水量低于 700 万 m^3 时，判定为抗旱模式。

抗旱模式下的调度理念：优先使用大陆水资源，以实现对海岛水资源的保护。若大陆引水不能满足当日的水厂需水量，则在优先使用大陆水资源的情况下，再利用海岛水资源进行供水，对水库进行优化调度，实现水资源的优化利用。

抗旱模式下的泵站工作方式：开启泵站中的所有泵机，以最大工作能力支撑抽水所需要的功率，实现单位时间内最大的抽水量。

6.2.3.4 防汛模式

（一）防汛总则

汛期水资源的调度应服从防汛要求，以高度负责的精神实施科学调度，确保人民生命财产安全和水利工程的防洪安全。

（1）在洪水来临时，应提前将水位预泄至汛期限制水位以下。

（2）库水位超过汛限水位时，开启输水设施进行泄洪，使水库水位降至汛期限制水位以下。

（3）库水位超过正常蓄水位时，溢洪道自动泄洪，同时开启输水设施进行泄洪，使水库水位降至汛期限制水位以下。水库泄洪前应按相关要求做好泄洪预警工作。

（4）接到上级部门的泄洪命令后，应由专职人员开启泄洪设施。泄洪过程中应密切关注水位和流量变化。

（5）实际调度中要随时根据洪水情况修正预报调整蓄泄方式，同时在采用洪水预报成果时应适当留有余地，以保证防洪安全。

（6）洪峰过后，应把库水位逐步降到汛期限制水位以下。

（7）调度结束后，应及时做好总结工作，供下次调度参考。

（二）水工程群防汛规则

当水库蓄水量超过限制标准时 [虹桥水库：700 万 m^3、岑港水库：360 万 m^3、芦东水库：85 万 m^3、其他水库：总库容 80%（可配置）]，应优先保障防汛安全。优先考虑水库的防汛优先级别，即超过防汛限制标准时处于最高优先级，随后再考虑各水厂对应的水库优先供水级别。

当虹桥水库超过 903 万 m^3 标准时，可以优于任何水库，结合水厂需水量尽可能供水；同时，当岑港水库超过 568 万 m^3，或芦东水库超过 95 万 m^3 时，都可以做相同处理，使岑港水库 / 芦东水库处于最高优先级。

6.3 仿真调度试验设计

本研究依托于构建的仿真模型，为进一步测试模型的合理性与有效性，选择不同情况下的实际调度情景作为案例进行分析，分别如下。

案例一：2022 年 3 月 26 日（常规调度情景）。

案例二：2022 年 5 月 9 日（常规调度情景）。

案例三：2022 年 10 月 19 日（抗旱应急调度情景）。

进一步以四个水厂的日需水量和各水库的实时水位、蓄水量数据作为模型的输入，进行仿真配置模型计算，考虑在供水过程中随之产生的 6% 的漏损率，设定了五种不同的情景。

情景一：对于水厂的需水，实现 100% 的供水满足，此情景下得到的配置方案，记为方案 1。

情景二：对于水厂的需水，实现 102.5% 的供水满足，此情景下得到的配置方案，记为方案 2。

情景三：对于水厂的需水，实现 95% 的供水满足，此情景下得到的配置方案，记为方案 3。

情景四：对于水厂的需水，实现 97.5% 的供水满足，此情景下得到的配置方案，记为方案 4。

情景五：对于水厂的需水，实现 105% 的供水满足，此情景下得到的配置方案，记为方案 5。

6.4 结果与分析

6.4.1 以 2022 年 3 月 26 日调度为例

6.4.1.1 当日需水情况及可供水情况

根据系统中上传的实际数据，可得到各水厂在 2022 年 3 月 26 日的当日需水量，其中临城水厂需水量为 75000m³，定海水厂需水量为 75000m³，平阳浦水厂需水量为27000m³，岛北水厂需水量为67000m³，总需水量为244000m³。

依托于系统中的水库实时水位数据及蓄水量值，可推算出27座水库的可供水量，具体数据如表6-4所示。依据各水库的工程特性及供水要求，获取在满足约束条件下的最大可供水量。同时由于模型中包含应急模块，因此可确定每个水库是否处于异常情况，若处于异常情况，则不参与当日供水，且须在模型运行前进行判断。进一步考虑防汛方面的要求，结合各水库在汛期的蓄水安全限制，依据实际蓄水量是否超过上限值，以判断各水库是否需要进行优先供水。以上信息均在表6-4详细展示。

表6-4　2022年3月26日各水库的实际蓄水量及推算后的可供水量信息

序号	水库	蓄水量（万m³）	依据当前水位的可供水量	依据水库特性的最大供水量	是否异常	汛期优先供水蓄水量限值	是否需要优先供水（0–不需要；1–需要）
1	黄金湾水库	457.77	357.77	25.30	否	680.80	0
2	东岙弄水库	121.44	1.00	3.60	否	127.87	0
3	大沙水库	—	—	—	—	—	—
4	水江洋水库	—	—	—	—	—	—
5	昌门里水库	—	0	1.01	否	143.60	0
6	团结水库	53.69	0	1.24	否	85.28	0
7	长春岭水库	166.09	136.09	7.44	否	294.64	0
8	白泉岭水库	130.47	40.47	3.60	否	141.92	0
9	金林水库	63.14	0	0	否	100.72	0
10	姚家湾水库	49.23	0	0.46	否	84.00	0
11	陈岙水库	126.47	53.47	0.90	否	156.16	0
12	龙潭水库	74.21	54.21	1.20	否	106.88	0
13	岑港水库	310.68	110.68	4.80	否	360.00	0
14	狭门水库	44.05	9.05	11.90	否	192.00	0
15	蚂蟥山水库	221.44	0	1.00	是	229.12	0
16	城北水库	16.06	0	2.40	否	88.88	0
17	红卫水库	24.85	9.85	0.96	否	60.88	0
18	叉河水库	153.18	33.18	6.00	否	148.00	1
19	虹桥水库	769.70	629.70	6.96	否	700.00	1

续表

序号	水库	蓄水量（万 m^3）	依据当前水位的可供水量	依据水库特性的最大供水量	是否异常	汛期优先供水蓄水量限值	是否需要优先供水（0-不需要；1-需要）
20	洞岙水库	265.40	161.40	1.50	否	307.20	0
21	勾山水库	111.02	76.02	1.25	否	136.00	0
22	平地水库	278.74	128.74	2.40	否	253.76	1
23	大使岙水库	114.93	44.93	2.00	否	203.20	0
24	芦东水库	93.33	58.33	2.40	否	85.00	1
25	沙田岙水库	62.21	20.21	2.00	否	93.20	0
26	南岙水库	—	0	0.96	否	53.36	0
27	应家湾水库	94.76	64.76	1.20	否	95.36	0

依据表 6-4 可得出，蚂蟥山水库处于异常状态，不参与供水，且大沙水库、水江洋水库和南岙水库的实时蓄水量数据未能成功传入，因此默认为异常水库，不参与当日供水。通过各水库的实时蓄水量与防汛安全限制蓄水量上限的对比，可判断 27 座水库中虹桥水库、叉河水库、展茅平地水库和芦东水库处于水位较高的状态，为了防汛安全，需优先供水，以降低水库的蓄水量，减轻水库洪水压力。其中，由于昌门里水库、团结水库、金林水库、姚家湾水库和城北水库的实时蓄水量已低于正常供水所需的最低蓄水量限制值，因此为水库在后续时间段内可恢复正常工作运行，上述水库暂不参与当日供水，以存蓄水量。除了依据水库的实时水位计算得到的实时蓄水量之外，水库可供水量的确定还需进一步结合水库的工程特性和工作属性，如抽水泵站的最大功率限制等，即使水库的蓄水量较大，但受工程供水能力的限制，日供水总量也不可超过上限值。

6.4.1.2 仿真配置方案分析

按照上述五种情景，分别给出满足不同供水保证率的配置方案，如表 6-5 所示。决策者可根据实际情况以及调度经验，选择合适的方案作为最终的供水配置方案。

表6-5 2022年3月26日仿真优化配置方案 （单位：m^3）

水库名称	供水水厂	方案1 (100%)	方案2 (102.5%)	方案3 (95%)	方案4 (97.5%)	方案5 (105%)
黄金湾水库	定海水厂	0	0	0	0	0
黄金湾水库	岛北水厂	0	0	0	0	0
黄金湾水库	临城水厂	31500	33487	27525	29513	35475
东岙弄水库	岛北水厂	9888	10154	9357	9623	10420
东岙弄水库	临城水厂	0	0	0	0	0
大沙水库	临城水厂	0	0	0	0	0
大沙水库	岛北水厂	0	0	0	0	0
水江洋水库	岛北水厂	0	0	0	0	0
昌门里水库	岛北水厂	0	0	0	0	0
团结水库	岛北水厂	8510	8738	8052	8281	8967
长春岭水库	岛北水厂	52624	53905	50062	51343	55185
白泉岭水库	临城水厂	24000	24000	24000	24000	24000
金林水库	临城水厂	0	0	0	0	0
姚家湾水库	临城水厂	0	0	0	0	0
陈岙水库	临城水厂	9000	9000	9000	9000	9000
大沙中心河	大沙水库	0	0	0	0	0
大沙中心河	东岙弄水库	0	0	0	0	0
大龙下河	马岙泵站	0	0	0	0	0
白泉中心河	白泉岭水库	0	0	0	0	0
龙潭水库	定海水厂	0	0	0	0	0
岑港水库	定海水厂	12000	12000	12000	12000	12000
狭门水库	紫薇河	0	0	0	0	0
蚂蟥山水库	定海水厂	0	0	0	0	0
城北水库	虹桥水库	0	0	0	0	0
红卫水库	虹桥水库	0	0	0	0	0
叉河水库	虹桥水库	0	0	0	0	1837
虹桥水库	定海水厂	67500	69487	63526	65513	71475
紫薇河	虹桥水库	0	0	0	0	0

续表

水库名称	供水水厂	方案 1 (100%)	方案 2 (102.5%)	方案 3 (95%)	方案 4 (97.5%)	方案 5 (105%)
洞岙水库	临城水厂	15000	15000	15000	15000	15000
洞岙水库	平阳浦水厂	0	0	0	0	0
勾山水库	平阳浦水厂	2000	2000	2000	2000	2000
平地水库	平阳浦水厂	2621	3337	1190	1906	4052
大使岙水库	平阳浦水厂	0	0	0	0	0
芦东水库	沙田岙水库	0	0	0	0	0
芦东水库	平阳浦水厂	24000	24000	24000	24000	24000
沙田岙水库	平阳浦水厂	0	0	0	0	0
南岙水库	平阳浦水厂	0	0	0	0	0
应家湾水库	平阳浦水厂	0	0	0	0	0
勾山河	勾山水库	0	0	0	0	0
展茅河	平地水库	0	0	0	0	0
展茅河	大使岙水库	0	0	0	0	0
芦花河	应家湾水库	0	0	0	0	0

以其中的方案 1（对于水厂的需水，实现 100% 的供水满足）为例，对整个“舟山海岛—大陆引水”的供水系统和水库的供水情况进行具体分析。

首先结合所有水库的实时蓄水量总和，以及抗旱模式的判断标准，经过计算，在 2022 年 3 月 26 日的蓄水情况属于正常供水时期，所有水库的蓄水总量达到 4977.105 万 m^3，未处于干旱期。因此，供水的思路应从优先调用海岛水源出发，如海岛供水水源无法满足需水要求，则再调用大陆引水，以实现供水过程的优化，并且降低供水成本。基于规则进行仿真调度，2022 年 3 月 26 日四个水厂供水情况如图 6-2 所示。

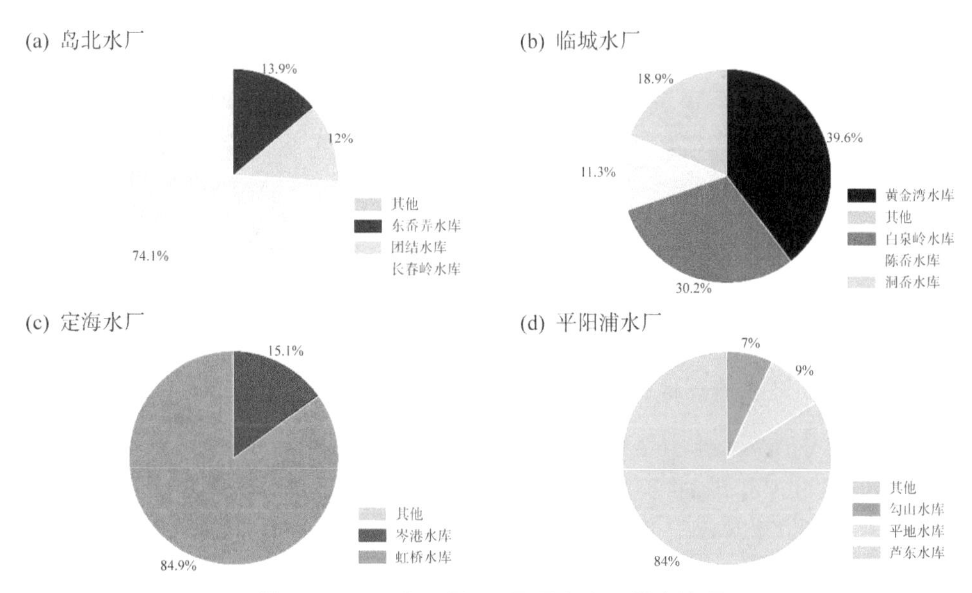

图 6-2　2022 年 3 月 26 日四个水厂供水情况

（1）岛北水厂供水情况

根据水厂的实际需水量可知，在 2022 年 3 月 26 日，岛北水厂的需水量为 67000m³，结合供水过程中产生的 6% 的漏损率，所需总水量为 71020m³。在仿真模型计算后，各水库及大陆引水向岛北水厂的供水总量为 71022m³，实现了 100% 的供水满足。主要供水水源为长春岭水库（74.1%）、东岙弄水库（13.9%）、团结水库（12%）。大沙水库、水江洋水库的数据未能实时传入，因此不参与当日供水；昌门里水库的蓄水量低于正常工作的最低蓄水量，也不参与供水；黄金湾水库存储的水量为大陆引水，如海岛水不能满足需求时再进行考虑；因此最终按照可正常供水的东岙弄水库、团结水库和长春岭水库的实际蓄水情况，以及岛北水厂总的需水量，按比例进行分配，得到仿真模拟后的配置方案。

（2）临城水厂供水情况

根据水厂的实际需水量可知，在 2022 年 3 月 26 日，临城水厂的需水量为 75000m³，结合供水过程中产生的 6% 的漏损率，所需总水量为 79500m³。在仿真模型计算后，各水库及大陆引水向临城水厂的供水总量为 79500m³，实现了 100% 的供水满足。主要供水水源为黄金湾水库（39.6%）、白泉岭水库（30.2%）、洞岙水库（18.9%）、陈岙水库（11.3%）。大沙水库的数据未能实时传入，因此不参与当日供水；由于给临城水厂供水的金林水库、姚家湾水库的蓄水量均低于正常工作的最低蓄水量，因此不参与供水；综上所述，结合目前可以参与供水的海岛水库有：白泉岭水库、陈岙水库、洞岙水库。三座水库的需水量相对较高，但受供水能力的限制，最多可供水量分别为 24000m³、9000m³ 和 15000m³。按照最大供水能力进行供水，可得到总量为 48000m³，距离满足临城水厂的需水量还有 34500m³，因此这部分水量由黄金湾水库（大陆引水）来满足。

（3）定海水厂供水情况

根据水厂的实际需水量可知，在 2022 年 3 月 26 日，定海水厂的需水量为 75000m³，结合供水过程中产生的 6% 的漏损率，所需总水量为 79500m³。在仿真模型计算后，各水库及大陆引水向定海水厂的供水总量为 79500m³，实现了 100% 的供水满足。主要供水水源为虹桥水库（84.9%）、岑港水库（15.1%）。根据目前海岛水库的蓄水情况，水量相对较为富足，且虹桥水库的蓄水量达到 769.7 万 m³，超过防汛安全蓄水标准，因此应优先供水；同时，考虑到岑港水库的蓄水量也不低，按照每日最低 12000m³ 的供水要求，虹桥水库应补齐剩下的需水量（79500−12000=67500m³）；此时虹桥水库以虹吸方式进行供水，结合供水能力的计算结果，虹桥水库在当前蓄水量下可最多供水 69000m³/ 日，因此可满足供水需求。最终产生了优化配置方案：虹桥水库供水水量为 67500m³，岑港水库供水水量为 12000m³。海岛水库已满足定海水厂供水需求，因此未调用大陆引水。

（4）平阳浦水厂供水情况

根据水厂的实际需水量可知，在 2022 年 3 月 26 日，平阳浦水厂的需水量为 27000m³，结合供水过程中产生的 6% 的漏损率，所需总水量为 28620m³。在仿真模型计算后，各水库及大陆引水向定海水厂的供水总量为 28621m³，实现了 100% 的供水满足。主要供水水源为芦东水库（84%）、展茅平地水库（9%）、勾山水库（7%）。平阳浦水厂与另外三座水厂相比较为特殊，无法直接获取大陆引水，只能依靠本岛水库进行供水。若水库可供水量实在无法满足需水要求，则依托于临城水厂和定海水厂进行输送。根据可供水至平阳浦水厂的水库实时蓄水量可知，芦东水库和展茅平地水库的蓄水量均高于防汛安全蓄水标准，应优先供水。但由于芦东水库为自流水库，而展茅平地需抽水泵站进行供水，因此从节约供水成本的角度考虑，应优先芦东水库供水。结合以上分析，芦东水库按照最大供水能力 24000m³ 进行供水。同时由于勾山水库为保证活水，需进行每日 2000m³ 的最低供水量，因此展茅平地水库应补齐剩余水量（28620−24000−2000=2620m³）。最终产生了优化配置方案：芦东水库供水 24000m³，勾山水库供水 2000m³，展茅平地水库供水 2620m³。

6.4.2　以 2022 年 5 月 8 日调度为例

6.4.2.1　当日需水情况及可供水情况

根据系统中上传的实际数据，可得到各水厂在 2022 年 5 月 8 日的当日需水量，其中临城水厂需水量为 70000m³，定海水厂需水量为 80000m³，平阳浦水厂需水量为 27480m³，岛北水厂需水量为 66000m³，总需水量为 243480 m³。依托于系统中的水库实时水位数据及蓄水量值，可推算出 27 座水库的可供水量等实时信息，具体数据如表 6-6 所示。

表 6-6　2022 年 5 月 8 日各水库的实际蓄水量及推算后的可供水量信息

序号	水库	蓄水量/(万 m³)	依据当前水位的可供水量	依据水库特性的最大供水量	是否异常	汛期优先供水蓄水量限值	是否需要优先供水 (0– 不需要 ;1– 需要)
1	黄金湾水库	419.71	319.71	25.30	否	680.80	0
2	东岙弄水库	93.11	0	3.60	否	127.87	0
3	大沙水库	—	—	—	—	—	—
4	水江洋水库	—	—	—	—	—	—
5	昌门里水库	—	0	1.01	否	143.60	0
6	团结水库	60.98	0	1.24	是	85.28	0
7	长春岭水库	135.35	105.35	7.44	否	294.64	0
8	白泉岭水库	111.97	21.97	3.60	否	141.92	0
9	金林水库	60.87	0	0.00	否	100.72	0
10	姚家湾水库	56.77	0	0.46	否	84.00	0

续表

序号	水库	蓄水量/(万 m^3)	依据当前水位的可供水量	依据水库特性的最大供水量	是否异常	汛期优先供水蓄水量限值	是否需要优先供水(0-不需要;1-需要)
11	陈岙水库	101.75	28.75	0.90	否	156.16	0
12	龙潭水库	62.40	42.40	1.20	否	106.88	0
13	岑港水库	285.20	85.20	4.80	否	360.00	0
14	狭门水库	52.97	17.97	11.90	否	192.00	0
15	蚂蟥山水库	169.03	0	1.00	是	229.12	0
16	城北水库	4.58	0	2.40	否	88.88	0
17	红卫水库	24.85	9.85	0.96	否	60.88	0
18	叉河水库	140.17	20.17	6.00	否	148.00	0
19	虹桥水库	737.37	597.37	5.75	否	700.00	1
20	洞岙水库	265.40	161.40	1.50	否	307.20	0
21	勾山水库	119.15	84.15	1.25	否	136.00	0
22	平地水库	284.10	134.10	2.40	否	253.76	1
23	大使岙水库	119.24	49.24	2.00	否	203.20	0
24	芦东水库	79.32	44.32	2.40	否	85.00	0
25	沙田岙水库	44.80	2.80	2.00	否	93.20	0
26	南岙水库	—	0	0.96	否	53.36	0
27	应家湾水库	91.83	61.83	1.20	否	95.36	0

依据表6-6得出，团结水库、蚂蟥山水库处于异常状态，不参与供水，大沙水库、水江洋水库、昌门里水库和南岙水库的实时蓄水量数据未能成功传入，因此默认为异常水库，不参与当日供水。且通过各水库的实时蓄水量与防汛安全限制蓄水量上限的对比，可判断27座水库中虹桥水库和展茅平地水库处于水位较高的状态，为了防汛安全，需优先供水，以降低水库的蓄水量，减轻水库防洪压力。其中，由于东岙弄水库、金林水库、姚家湾水库和城北水库的实时蓄水量已低于正常供水所需的最低蓄水量限制值，为确保水库在后续时间段内可恢复正常工作运行，上述水库暂不参与当日供水，以存蓄水量。水库可供水量的确定除了依据水库实时水位计算得到的实时蓄水量之外，还需进一步结合水库的工程特性和工作属性，如抽水泵站的最大功

率限制，即使水库的蓄水量较大，但受工程供水能力的限制，日供水总量不可超过上限值。

6.4.2.2 仿真配置方案分析

按照上述五种情景，分别给出满足不同供水保证率的配置方案，如表6-7所示。决策者可根据实际情况以及调度经验，选择合适的作为最终的供水配置方案。

表6-7 2022年5月8日仿真优化配置方案 （单位：m^3）

水库名称	供水水厂	方案1 (100%)	方案2 (102.5%)	方案3 (95%)	方案4 (97.5%)	方案5 (105%)
黄金湾水库	定海水厂	78000	78000	78000	78000	78000
黄金湾水库	岛北水厂	82680	84747	78546	80613	86814
黄金湾水库	临城水厂	90100	90253	85595	87848	88186
东岙弄水库	岛北水厂	0	0	0	0	0
东岙弄水库	临城水厂	0	0	0	0	0
大沙水库	临城水厂	0	0	0	0	0
大沙水库	岛北水厂	0	0	0	0	0
水江洋水库	岛北水厂	0	0	0	0	0
昌门里水库	岛北水厂	0	0	0	0	0
团结水库	岛北水厂	0	0	0	0	0
长春岭水库	岛北水厂	0	0	0	0	0
白泉岭水库	临城水厂	0	0	0	0	0
金林水库	临城水厂	0	0	0	0	0
姚家湾水库	临城水厂	0	0	0	0	0
陈岙水库	临城水厂	0	0	0	0	0
大沙中心河	大沙水库	0	0	0	0	0
大沙中心河	东岙弄水库	0	0	0	0	0
大龙下河	马岙泵站	0	0	0	0	0
白泉中心河	白泉岭水库	0	0	0	0	0
龙潭水库	定海水厂	4000	4000	4000	4000	4000
岑港水库	定海水厂	10383	11780	7587	8985	13178

续表

水库名称	供水水厂	方案 1 (100%)	方案 2 (102.5%)	方案 3 (95%)	方案 4 (97.5%)	方案 5 (105%)
狭门水库	紫薇河	0	0	0	0	0
蚂蟥山水库	定海水厂	0	0	0	0	0
城北水库	虹桥水库	0	0	0	0	0
红卫水库	虹桥水库	0	0	0	0	0
叉河水库	虹桥水库	0	0	0	0	0
虹桥水库	定海水厂	8318	9438	6079	7198	10558
紫薇河	虹桥水库	0	0	0	0	0
洞岙水库	临城水厂	0	2100	0	0	6419
洞岙水库	平阳浦水厂	0	0	0	0	0
勾山水库	平阳浦水厂	3284	3468	2915	3099	3653
平地水库	平阳浦水厂	12000	12000	12000	12000	12000
大使岙水库	平阳浦水厂	0	0	0	0	0
芦东水库	沙田岙水库	0	0	0	0	0
芦东水库	平阳浦水厂	6315	6670	5606	5960	7024
沙田岙水库	平阳浦水厂	27	28	24	25	30
南岙水库	平阳浦水厂	0	0	0	0	0
应家湾水库	平阳浦水厂	0	0	0	0	0
勾山河	勾山水库	0	0	0	0	0
展茅河	平地水库	0	0	0	0	0
展茅河	大使岙水库	0	0	0	0	0
芦花河	应家湾水库	0	0	0	0	0

以其中的方案 1（对于水厂的需水，实现 100% 的供水满足）为例，对整个“舟山海岛—大陆引水”的供水系统和水库的供水情况进行具体分析。

首先结合所有水库的实时蓄水量总和，以及抗旱模式的判断标准，经过计算，在 2022 年 5 月 8 日的蓄水情况属于正常供水时期，所有水库的蓄水总量达到 4568.141 万 m^3，未处于干旱期。因此，供水的思路应从优先调用海岛水源出发，如海岛供水水源无法满足需水要求，则再调用大陆引水，以实现供水过程的优化，并且降低供水成本。基于规则进行仿真调度，2022

年 5 月 8 日四个水厂供水情况如图 6-3 所示。

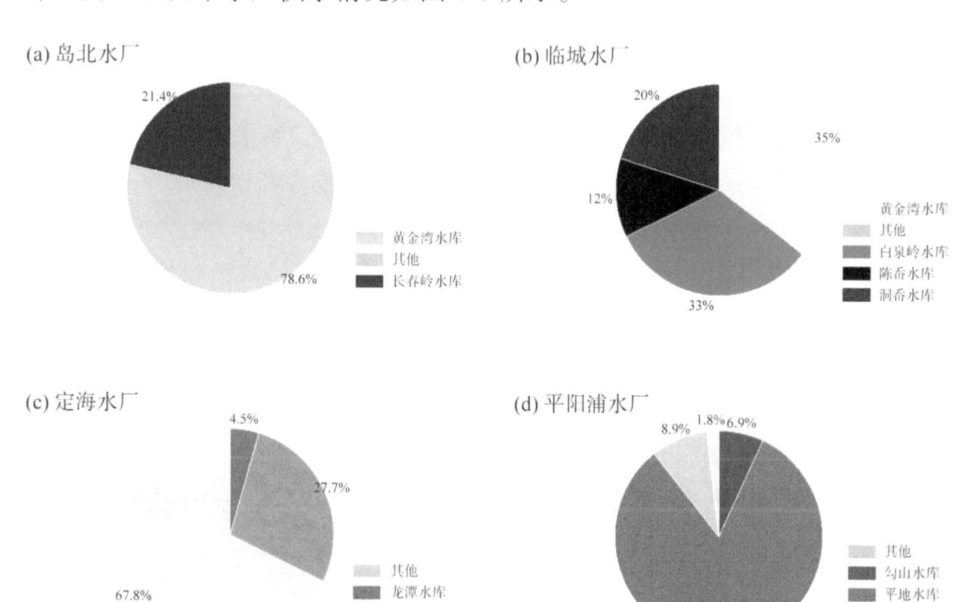

图 6-3　2022 年 5 月 8 日四个水厂供水情况

（1）岛北水厂供水情况

根据水厂的实际需水量可知，在 2022 年 5 月 8 日，岛北水厂的需水量为 66000m³，结合供水过程中产生的 6% 的漏损率，所需总水量为 69960m³。在仿真模型计算后，各水库及大陆引水向岛北水厂的供水总量为 69961m³，实现了 100% 的供水满足。主要供水水源为黄金湾水库（78.6%）、长春岭水库（21.4%）。大沙水库、水江洋水库和昌门里水库的数据未能实时传入，因此不参与当日供水；东岙弄水库的蓄水量低于正常工作的最低蓄水量，也不参与供水；团结水库出现异常，无法正常参与供水；因此，目前岛北片区可以给岛北水厂供水的海岛水库仅有长春岭水库。长春岭水库在当日的实时蓄水量为 135.34 万 m³，根据仿真调度规则，长春岭水库的蓄水量在 120 万 m³ 以上，150 万 m³ 以下时，按照 15000m³/ 日进行供水。综上所述，长春岭水库供水水量为 15000m³，无法满足岛北水厂的需求，则需调用大陆引水，由黄金湾水库完成供水过程，需补充供水 54961m³。

（2）临城水厂供水情况

根据水厂的实际需水量可知，在2022年5月8日，临城水厂的需水量为70000m³，结合供水过程中产生的6%的漏损率，所需总水量为74200m³。在仿真模型计算后，各水库及大陆引水向临城水厂的供水总量为74200m³，实现了100%的供水满足。主要供水水源为黄金湾水库（35%）、白泉岭水库（33%）、洞岙水库（20%）、陈岙水库（12%）。大沙水库的实时数据未能实时传入，因此不参与当日供水；由于给临城水厂供水的金林水库、姚家湾水库的蓄水量均低于正常工作的最低蓄水量，因此不参与供水；综上所述，结合目前可以参与供水的海岛水库有白泉岭水库、洞岙水库、陈岙水库。三座水库的需水量相对较高，但受供水能力的限制，分别最多可供24000m³、15000m³和9000m³。按照最大供水能力进行供水，可得到供水总量为48000m³，距离满足临城水厂的需水量还有26200m³，因此这部分水量由黄金湾水库（大陆引水）来满足。

（3）定海水厂供水情况

根据水厂的实际需水量可知，在2022年5月8日，定海水厂的需水量为80000m³，结合供水过程中产生的6%的漏损率，所需总水量为84800m³。在仿真模型计算后，各水库及大陆引水向定海水厂的供水总量为84801m³，实现了100%的供水满足。主要供水水源为虹桥水库（67.8%）、岑港水库（27.7%）、龙潭水库（4.5%）。根据目前海岛水库的蓄水情况，水量相对较为富足，且虹桥水库的蓄水量达到737.37万m³，超过防汛安全蓄水标准，因此应优先供水；但根据虹桥水库的实时水位，结合虹吸能力，目前其最大的供水能力为57500m³/日，无法满足定海水厂的需求，需其他水库参与供水。蚂蟥山水库的蓄水量均低于正常工作的最低蓄水量，无法参与供水；依据定海片区的供水规则，可调用龙潭水库和岑港水库参与供水，依照两个水库的实时蓄水量，按比例分配。最终产生优化配置方案：虹桥水库供水57513m³，岑港水库供水23466m³，龙潭水库供水3822m³。海岛水库已满足定海水厂供水需求，因此无须调用大陆引水。

（4）平阳浦水厂供水情况

根据水厂的实际需水量可知，在2022年5月8日，平阳浦水厂的需水量为27480m³，结合供水过程中产生的6%的漏损率，所需总水量为 29129m³。在仿真模型计算后，各水库及大陆引水向定海水厂的供水总量为 29129m³，实现了 100% 的供水满足。主要供水水源为展茅平地水库（82.4%）、芦东水库（8.9%）、勾山水库（6.9%）、沙田岙水库（1.8%）。平阳浦水厂与另外三座水厂相比较为特殊，无法直接获取大陆引水，只能依靠本岛水库进行供水。若水库可供水量实在无法满足需水要求，则依托于临城水厂和定海水厂进行输送。根据可供水至平阳浦水厂的水库实时蓄水量可知，展茅平地水库的蓄水量高于防汛安全蓄水标准，应优先供水。由于平地水库需依靠平地抽水泵站进行供水，结合泵站的能力，水库每日最多供水水量为 24000m³，无法完全满足平阳浦水厂的需求。因此，需调用东部片区的其他海岛水库供水，依据调水规则，勾山水库每日最少供水水量为 2000m³，还需水（27480−24000−2000=1480m³）。遵循优先考虑沙田岙水库和芦东水库在东部片区进行供水的规则，依据水库的蓄水量按比例分配，最终产生了配置方案：平地水库供水 24000m³，芦东水库供水 2592m³，勾山水库供水 2000m³，沙田岙水库供水 538m³。

6.4.3 以 2022 年 10 月 18 日调度为例（抗旱期）

6.4.3.1 当日需水情况及可供水情况

根据系统中上传的实际数据，可得到各水厂在 2022 年 10 月 18 日的当日需水量，其中临城水厂需水量为 85000m³，定海水厂需水量为 95000m³，平阳浦水厂需水量为 20400m³，岛北水厂需水量为 78000m³，总需水量为 278400m³。依托于系统中的水库实时水位数据及蓄水量值，可推算出 27 座水库的可供水量等实时信息，具体数据如表 6-8 所示。

表 6-8 2022 年 10 月 18 日各水库的实际蓄水量及推算后的可供水量信息

序号	水库	蓄水量/(万 m³)	依据当前水位的可供水量	依据水库特性的最大供水量	是否异常	汛期优先供水蓄水量限值	是否需要优先供水 (0− 不需要 ;1− 需要)
1	黄金湾水库	394.52	294.52	25.300	否	680.800	0
2	东岙弄水库	100.19	0	3.600	否	127.872	0

续表

序号	水库	蓄水量/(万 m³)	依据当前水位的可供水量	依据水库特性的最大供水量	是否异常	汛期优先供水蓄水量限值	是否需要优先供水(0- 不需要;1- 需要)
3	大沙水库	481.77	—	—	—	—	—
4	水江洋水库	—	—	—	—	—	—
5	昌门里水库	—	0	1.008	否	143.600	0
6	团结水库	47.36	0	1.240	是	85.280	0
7	长春岭水库	30.35	0.35	7.440	否	294.640	0
8	白泉岭水库	132.06	42.06	3.600	否	141.920	0
9	金林水库	67.23	0	0	否	100.720	0
10	姚家湾水库	56.80	0	0.456	否	84.000	0
11	陈岙水库	112.23	0	0.900	是	156.160	0
12	龙潭水库	31.82	11.82	1.200	否	106.880	0
13	岑港水库	337.80	137.80	4.800	否	360.000	0
14	狭门水库	43.23	8.23	11.900	否	192.000	0
15	蚂蟥山水库	142.20	0	1.000	是	229.120	0
16	城北水库	28.64	0	2.400	否	88.880	0
17	红卫水库	24.89	9.89	0.960	否	60.880	0
18	叉河水库	59.76	0	6	否	148.000	0
19	虹桥水库	686.55	546.55	3.845	否	700.00	0
20	洞岙水库	214.64	110.64	1.500	否	307.200	0
21	勾山水库	102.04	67.04	1.240	否	136.000	0
22	平地水库	225.33	75.33	2.400	否	253.760	0
23	大使岙水库	52.49	0	2.000	否	203.200	0
24	芦东水库	70	35.00	2.400	否	85.000	0
25	沙田岙水库	42.01	0.01	2.000	否	93.200	0
26	南岙水库	11.82	1.82	0.960	否	53.360	0
27	应家湾水库	67.19	37.19	1.200	否	95.360	0

依据表 6-8 可得出，团结水库、陈岙水库和蚂蟥山水库处于异常状态，不参与当日供水，且大沙水库、水江洋水库和昌门里水库的实时蓄水量数据未能成功传入，因此默认为异常水库，不参与当日供水。由于虹桥水库的实时蓄水量为 686.55 万 m^3，低于 $700m^3$，因此判定处于抗旱模式。其中，由于东岙弄水库、金林水库、姚家湾水库、城北水库、叉河水库和大使岙水库的实时蓄水量已低于正常供水所需的最低蓄水量限制值，因此为水库在后续时间段内可恢复正常工作运行，上述水库暂不参与当日供水，以存蓄水量。水库可供水量的确定除了依据水库实时水位计算得到的实时蓄水量之外，还需进一步结合水库的工程特性和工作属性，如抽水泵站的最大功率限制等，即使水库的蓄水量较大，但受工程供水能力的限制，日供水总量也不可超过上限值。

6.4.3.2 仿真配置方案分析

按照上述五种情景，分别给出满足不同供水保证率的配置方案，如表 6-9 所示。决策者可根据实际情况以及调度经验，选择合适的方案作为最终的供水配置方案。

表 6-9 2022 年 10 月 18 日仿真优化配置方案 （单位：m^3）

水库名称	供水水厂	方案 1 (100%)	方案 2 (102.5%)	方案 3 (95%)	方案 4 (97.5%)	方案 5 (105%)
黄金湾水库	定海水厂	78000	78000	78000	78000	78000
黄金湾水库	岛北水厂	82680	84747	78546	80613	86814
黄金湾水库	临城水厂	90100	90253	85595	87848	88186
东岙弄水库	岛北水厂	0	0	0	0	0
东岙弄水库	临城水厂	0	0	0	0	0
大沙水库	临城水厂	0	0	0	0	0
大沙水库	岛北水厂	0	0	0	0	0
水江洋水库	岛北水厂	0	0	0	0	0
昌门里水库	岛北水厂	0	0	0	0	0
团结水库	岛北水厂	0	0	0	0	0
长春岭水库	岛北水厂	0	0	0	0	0

续表

水库名称	供水水厂	方案 1 (100%)	方案 2 (102.5%)	方案 3 (95%)	方案 4 (97.5%)	方案 5 (105%)
白泉岭水库	临城水厂	0	0	0	0	0
金林水库	临城水厂	0	0	0	0	0
姚家湾水库	临城水厂	0	0	0	0	0
陈岙水库	临城水厂	0	0	0	0	0
大沙中心河	大沙水库	0	0	0	0	0
大沙中心河	东岙弄水库	0	0	0	0	0
大龙下河	马岙泵站	0	0	0	0	0
白泉中心河	白泉岭水库	0	0	0	0	0
龙潭水库	定海水厂	4000	4000	4000	4000	4000
岑港水库	定海水厂	10383	11780	7587	8985	13178
狭门水库	紫薇河	0	0	0	0	0
蚂蟥山水库	定海水厂	0	0	0	0	0
城北水库	虹桥水库	0	0	0	0	0
红卫水库	虹桥水库	0	0	0	0	0
叉河水库	虹桥水库	0	0	0	0	0
虹桥水库	定海水厂	8318	9438	6079	7198	10558
紫薇河	虹桥水库	0	0	0	0	0
洞岙水库	临城水厂	0	2100	0	0	6419
洞岙水库	平阳浦水厂	0	0	0	0	0
勾山水库	平阳浦水厂	3284	3468	2915	3099	3653
平地水库	平阳浦水厂	12000	12000	12000	12000	12000
大使岙水库	平阳浦水厂	0	0	0	0	0
芦东水库	沙田岙水库	0	0	0	0	0
芦东水库	平阳浦水厂	6315	6670	5606	5960	7024
沙田岙水库	平阳浦水厂	27	28	24	25	30
南岙水库	平阳浦水厂	0	0	0	0	0

续表

水库名称	供水水厂	方案 1 (100%)	方案 2 (102.5%)	方案 3 (95%)	方案 4 (97.5%)	方案 5 (105%)
应家湾水库	平阳浦水厂	0	0	0	0	0
勾山河	勾山水库	0	0	0	0	0
展茅河	平地水库	0	0	0	0	0
展茅河	大使岙水库	0	0	0	0	0
芦花河	应家湾水库	0	0	0	0	0

以其中的方案 1（对于水厂的需水，实现 100% 的供水满足）为例，对整个供水系统和水库的供水情况进行具体分析。首先结合所有水库的实时蓄水量总和，以及抗旱模式的判断标准，经过计算，在 2022 年 10 月 18 日的蓄水情况属于正常供水时期，所有水库的蓄水总量为 3953.23 万 m³，虹桥水库的实时蓄水量为 686.55 万 m³，低于 700 万 m³，判定处于抗旱模式。因此供水的思路应从保护海岛水源出发，为了应对干旱期，优先调用大陆引水，如大陆水源无法满足需水要求，则再调用海岛水源。基于规则进行仿真调度，2022 年 10 月 18 日四个水厂供水情况如图 6-4 所示。

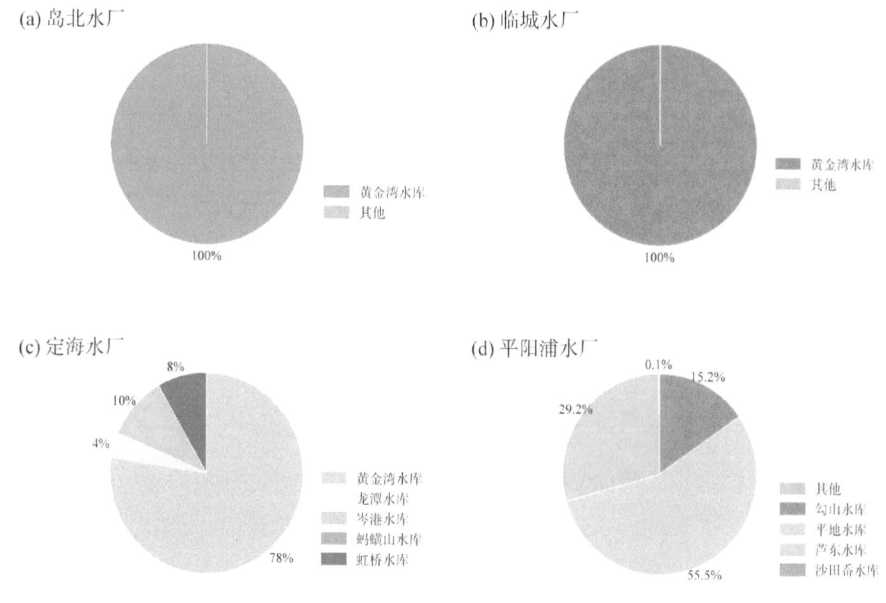

图 6-4　2022 年 10 月 18 日四个水厂供水情况

（1）岛北水厂供水情况

根据水厂的实际需水量可知，在2022年10月18日，岛北水厂的需水量为78000m³，结合供水过程中产生的6%的漏损率，所需总水量为82680m³。在仿真模型计算后，各水库及大陆引水向岛北水厂的供水总量为82680m³，实现了100%的供水满足。主要供水水源为黄金湾水库（100%）。根据抗旱模式判定标准，此时处于干旱情况下的水资源调度，应优先调用大陆引水。结合黄金湾水库的实时蓄水量和每日的供水能力，可满足岛北水厂82680m³的需水要求，因此无须调用海岛水库进行供水。

（2）临城水厂供水情况

根据水厂的实际需水量可知，在2022年10月18日，临城水厂的需水量为85000m³，结合供水过程中产生的6%的漏损率，所需总水量为90100m³。在仿真模型计算后，各水库及大陆引水向临城水厂的供水总量为90100m³，实现了100%的供水满足。主要供水水源为黄金湾水库（100%）。根据抗旱模式判定标准，此时处于干旱情况下的水资源调度，应优先调用大陆引水。结合黄金湾水库的实时蓄水量和每日的供水能力，可满足临城水厂90100m³的需水要求，因此无须调用海岛水库进行供水。

（3）定海水厂供水情况

根据水厂的实际需水量可知，在2022年10月18日，定海水厂的需水量为95000m³，结合供水过程中产生的6%的漏损率，所需总水量为100700m³。在仿真模型计算后，各水库及大陆引水向定海水厂的供水总量为100701m³，实现了100%的供水满足。主要供水水源为黄金湾水库（78%）、岑港水库（10%）、虹桥水库（8%）、龙潭水库（4%）。根据抗旱模式判定标准，此时处于干旱情况下的水资源调度，应优先调用大陆引水。结合黄金湾水库的实时蓄水量以及向定海水厂的供水能力，最多供水量为78000m³/日，无法满足定海水厂的需求，因此需调用海岛水资源进行供水。由于龙潭水库的实时蓄水量为31.82万m³，低于60万m³，因此结合供水规则，按照4000m³/日进行供水，剩余需满足水量为（100700−78000−4000=18700m³）。依据虹桥片区的供水原则，优先考虑虹桥水库和岑港水库，因此按照两个水库各自的实时蓄水量按比例分配，最终生成配置方案：黄金湾水库供水量为78000m³，岑港水库供水量为10383m³，虹桥水库供水量为8318m³，龙潭水库供水量为4000m³。

（4）平阳浦水厂供水情况

根据水厂的实际需水量可知，在2022年10月18日，平阳浦水厂的需水量为20400m³，结合供水过程中产生的6%的漏损率，所需总水量为21624m³。在仿真模型计算后，各水库及大陆引水向定海水厂的供水总量为21624m³，实现了100%的供水满足。主要供水水源为展茅平地水库（55.5%）、芦东水库（29.2%）、勾山水库（15.2%）。平阳浦水厂与另外三座水厂相比较为特殊，无法直接获取大陆引水，只能依靠海岛水库进行供水。若海岛水资源实在无法满足需水要求，则依托于临城水厂和定海水厂进行输送。依据平阳浦水厂的供水规则：需优先以芦东水库和沙田岙水库供水；再考虑勾山水库（自流方式供水）；如仍无法满足需水，则考虑展茅平地水库（泵站供水）；若仍无法满足需水，则再调用大使岙水库和南岙水库；最后再调用应家湾水库。依托以上的供水规则和各水库的工程特性，生成配置方案：芦东水库供水量为6315m³，展茅平地水库供水量为12000m³，勾山水库供水量为3284m³，沙田岙水库供水量为27m³。方案中沙田岙水库供水较少是由于沙田岙的实时蓄水量较少，依据正常工作的最低蓄水量42万m³，可供水量只有100m³；芦东水库供水低于展茅平地水库的原因是展茅水库受工程特性的限制，当开启泵站后，每日供水至少为12000m³，因此芦东水库相应减少了供水量。

6.5 本章小结

本章研究基于专业调度人员的经验和知识，结合实际情况和历史数据建立一套科学合理的调度规则，对复杂水资源系统进行系统概化，开展基于人工经验的水库群调度规则建立和模拟。针对海岛需水的不同供水保证率要求（95%、97.5%、100%、102.5%和105%），结合水库当前蓄水量和调度规则，应在满足各水库的供水上限、蓄水量下限、供水能力等约束条件的前提下，获取水库群仿真调度方案。为测试仿真调度模型在不同来水条件下的适用性，选择不同模式的实际调度情景作为案例进行分析，包括常规调度模式和抗旱模式。本章的主要结论总结如下。

1）在常规模式下，舟山主要依靠海岛水资源进行供水，主要供水水库包括长春岭水库（给岛北水厂供水）、白泉岭水库（给临城水厂供水）、虹桥水库（给定海水厂供水），以及芦东水库和平地水库（给平阳浦水厂供水）。但在干旱模式下，海岛水库的可供水量较低，且为保护海岛水资源，以防未来的持续干旱，供水主要依靠大陆引水水源，即由黄金湾水库进行供水。

2）调度模型可以在不同模式下调整海岛水资源和大陆水资源的供水占比结构，以充分提高供水效率，在常规模式下更注重提高海岛水资源的利用效率，降低大陆引水的使用量以减少供水成本，但在干旱模式时更注重保护海岛水资源，充分发挥大陆水源的效用。

3）调度模型综合考虑了海岛地区各水库的供水优先级别、水库群联合供水规则、供水方式的区别和防汛条件下各水库的安全，实现了对水库群日常运行的指导和水资源的合理调配。仿真调度模型结果与实际调度经验较为贴合，实现人工调度经验转向数字智能化。

第 7 章 基于“分区—分级”的海岛地区复杂水工程群多目标优化配置

为解决海岛城市水工程复杂、供水效率低下问题，本章提出基于“分区—分级”的海岛地区的水资源优化配置方法，明确各区域内和区域间的水力联系，且将水厂余蓄量的概念引入配置模型的构建，尽可能提高水库供水的效率，最终构建适用于海岛地区的复杂水工程群多目标优化配置模型。

7.1 “分区—分级”优化配置理念

基于海岛地区水工程群的复杂性，为更好地建立优化配置模型，需采用科学的方法对系统进行分析概化。获取水库、泵站等复杂水工程群的基本特性和分布位置、水厂的各项基本参数、输水方式和管道等。结合各水工程群的地理位置，对整个复杂水资源系统进行区域划分，明确各水库、水厂、泵站之间的水力关系，完成“分区”过程。海岛地区的农业灌溉用水大多来源于水库的固定供给以保证农业需求，而生活用水、工业用水等大多来源于水厂供水，因此在水资源优化配置中可将水厂概化为需水部门，以水厂向用水户的供水量作为配置系统中的需水部分参与计算，进一步结合水厂的特性建立“分级”模式。第一层级仅考虑独立水厂的供水保证率，此种类型的水厂与其他水厂没有联动作用，无法依靠其他水厂的水量补充以满足供水需求；第二层级考虑联合水厂，即与其他水厂有联动作用的水厂，此类水厂可以通过水量的互补以最大限度满足供水保证率，以此改善水库供水对象固定的约束条件。在计算供水保证率时，可以将各水厂的需水量总和进行综合考虑。

7.2 考虑大陆引水的海岛地区水资源优化配置模型建立与求解

不同于内陆地区的常规水资源配置，海岛地区优化配置模型的建立需结合海岛的供水特性和经济发展目标[97]。同时，为尽可能提高水库供水的效率，本章将水厂余蓄量概念融入优化模型中。水厂余蓄量特指配置期间各水库将水输送至水厂，水厂根据当月供给需求，向用水户供水，余下的水暂时存蓄在水厂中。若次月仍在配置期间，则可补偿次月的水厂供水需求；若本月为配置期末时段，则余下的水量只能存蓄在水厂中，在此配置周期内未能实现真正意义上的供水。考虑水厂余蓄量，本章确定配置目标为供水保证率最大化、经济成本最低化和水厂余蓄量最小化。其中，供水保证率的主体对象为水厂，指能够满足水厂需水的程度（即需水量的百分比）；经济成本指在供水过程中产生的成本支出；水厂余蓄量指在供水单元内各水库向各水厂的供水量，若超过实际需水量，则有部分水量存余在水厂中，在整个配置周期内的总和即为余蓄总水量。

本章基于舟山 26 个水库、4 个水厂展开研究，将水厂概化为用水户。依据工程要素信息，确定在运输过程中共涉及 15 个泵站参与工作。按照“分区—分级”理念，分析各水库与水厂之间的水力联系，以水厂为核心，根据各水库及水厂的地理位置，将舟山海岛划分为三个区域。三个区域分别是岛北片区，即以岛北水厂和临城水厂为供水中心；虹桥片区，即以定海水厂为供水中心；东部片区，即以平阳浦水厂为供水中心。其中，岛北水厂为独立水厂，设定为一级水厂；临城水厂、定海水厂和平阳浦水厂为联动水厂，因此将三个水厂的供水保证率合计考虑，设为二级水厂，即将岛北水厂供水保证率和三厂合计供水保证率分别计算，以此作为评判标准。在此基础上，构建舟山海岛地区水资源优化配置模型，各目标函数具体如下所示。

目标函数1——岛北水厂供水缺水率最小：

$$\max f_1(x)=\sum_{i=1}^{I}\sum_{j=1}^{J}x_{ij}/W_M \tag{7-1}$$

式中，W_M 为各一级水厂在年内按照日常供水需求所需支配的所有水量总和，单位为 m^3；M 为水厂的序号。

目标函数2——三厂合计水厂供水缺水率最小：

$$\max f_2(x)=\sum_{i=1}^{I}\sum_{j=1}^{J}x_{ij}/W_N \tag{7-2}$$

式中，W_N 为所有二级水厂年内按照日常供水需求所需支配的所有水量总和，单位为 m^3。

目标函数3——净成本最低：

$$\min f_3(x)=C_{\text{cost}}=C_{\text{island\_cost}}+C_{\text{mainland}} \tag{7-3}$$

在计算的过程中，将成本支出 C_{cost} 分为两个部分分别计算，一部分为海岛供水产生的成本支出 $C_{\text{island\_cost}}$，单位为元；另一部分为大陆引水产生的成本支出 $C_{\text{mainland\_cost}}$，单位为元；成本支出为调度系统运行一年内各水库和泵站工作产生的成本总和。成本计算的方式可参考第2章提出的供水过程中的成本计算方法。

目标函数4——水厂余蓄量最低：

$$\min f_4(x)=W_{\text{surplus\_water}}=\sum_{i=1}^{I}\sum_{j=1}^{J}x_{ij}-W_{\text{actual\_supply}} \tag{7-4}$$

式中，$W_{\text{surplus\_water}}$ 为在最终存蓄在水厂中，未能供水到用水户的部分水量，即水厂余蓄量，单位为 m^3；$W_{\text{actual\_supply}}$ 为各水厂向用水户的实际总供水量，单位为 m^3。

同时，沿用第2章海岛地区水资源优化配置模型提出的七个约束条件。

本章选取各项资料及数据均完整的2016年作为优化模型的验证年份。调查获取2016年舟山海岛实际数据，基于本章提出的考虑大陆引水的海岛地区复杂水工程群优化配置模型，对舟山海岛地区水资源优化配置进行实例计算。考虑到NSGA-□算法计算效率较高，且对优化模型的目标函数与约束条件的形式不作要求[98, 99]，本章采用NSGA-□算法对模型进行求解，以实现全局范围内搜索最优解，从而避免传统方法的计算精度低、收敛过早等问题[100]。设定算法的各项参数：种群数量 $n=250$；交叉概率 $P_c=0.9$；变异概率 $P_m=0.01$；迭代次数 $num=1000$。

水库群多目标调度决策是一个多维的、非线性的、连续的多目标决策问题。以舟山海岛跨流域调水不同典型水平年的优化配置结果为基础，对得到的非劣解集进行分析，采用基于AHP-熵权法的主客观组合赋权的多属性决策方法确定各方案的优劣，以协助确定不同配置方案适合的应用场景，为决策者提供科学参考依据。

7.3　结果与分析

7.3.1　优化配置模型分析验证

本研究基于NSGA-Ⅱ算法，经过不断迭代搜寻最优解得到帕累托前沿，以岛北水厂供水保证率、三厂合计供水保证率、供水成本为 x、y、z 轴，供水后水厂余蓄量为颜色标记，绘制帕累托解集四维图，如图7-1（a）所示。红色图块为按照2016年实际供水实现的供水保证率和相应成本支出。经分析可知，在优化配置后成本有明显的下降趋势。当岛北水厂和三厂合计的供水保证率均达到99%以上时，成本支出可以控制在[3514.09, 4035.11]万元，相较于2016年的理论供水成本4125万元，可平均降低300万元。2016年的实际供水方案中，大陆引水占供水总量的34.9%，而经过优化后的大陆引水占比可平均下降至29%。因此，本研究提出的优化配置模型可以提高海岛水资源在供水过程中的比例，降低大陆引水的比例，提高海岛水资源的利用效率，进而降低供水过程的成本支出。但由于实际调度中尚不能获得未来水资源状况，而优化调度过程中未来可供水情况为已知条件，因此对比的结果可能存在一定偏差。在实际应用中，调度可以和中长期水文预报相结合，预测未来的来水情况，进一步优化供水过程，协调海岛水和大陆水的供水比例。

为进一步分析帕累托前沿上特性的变化趋势，本章对三维坐标下的数据点进行二维投影。如图 7-1（b）所示，岛北水厂、三厂合计供水保证率为 x、y 轴，颜色标记表示供水成本。当四个水厂的供水保证率均趋于 100% 时，供水成本有着明显的上升趋势；而当成本维持在较低水平时，相应的岛北水厂和三厂合计的供水保证率也都处于较低水平。如图 7-1（c）所示，三厂合计供水保证率、供水成本为 x、y 轴，颜色标记表示水厂余蓄量。供水保证率和供水成本之间呈显著的负相关关系，而水厂余蓄量则随着供水保证率的提高呈现先增加后下降的趋势。这是由于水厂需水量在配置期间呈动态变化，在调度单元内，若当月的水厂需水量处于较低水平，则水库供水未完全输送至用水户，进而造成水厂余蓄量的增加；随着供水保证率逐渐接近 100%，水库向水厂输送的绝大部分水量均供给用水户，因此水厂余蓄量呈下降趋势。从降低水厂余蓄量的角度考虑，供水保证率在 70%~85% 的方案最不适宜采用。综上所述，本章提出的海岛地区水资源配置模型在多目标、多约束条件下，基于海岛水和大陆引水的单位供水成本差异性，同时考虑水厂余蓄量的最小化目标，可以实现合理优化供水结构，协调海岛水和大陆水的供水比例，有效提升经济效益，具有实际参考意义和价值。

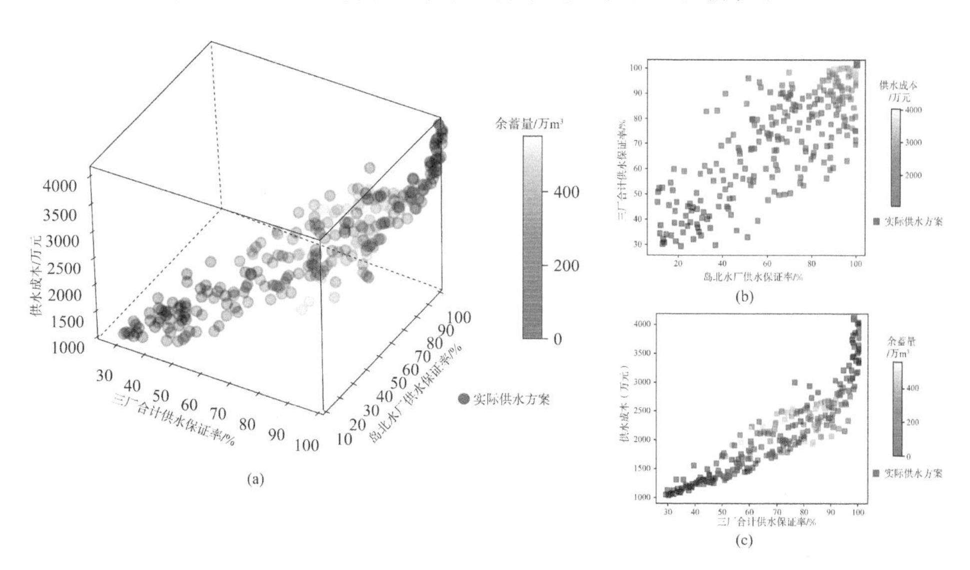

图 7-1 2016 年实例计算结果帕累托四维分布示意，2016 年实例计算结果岛北水厂、三厂合计供水保证率与供水成本的帕累托三维投影和 2016 年实例计算结果三厂合计供水保证率、供水成本与水厂余蓄量的帕累托三维投影

7.3.2 典型年优化配置结果及多属性决策

7.3.2.1 典型年优化配置结果

为验证模型在不同来水情况下能否对海岛地区水资源进行合理有效的优化配置，本章对舟山海岛的长系列历史径流资料进行收集分析，确定丰水年（25%）、平水年（50%）和枯水年（75%）共三个典型水平年，以年为配置周期，以月为配置单元，将各水库在不同典型年的入库径流量作为数据输入，采用多年需水平均值作为各水厂的需水量，对不同来水条件下的舟山海岛水资源优化配置展开研究并对配置结果进行分析。

采用NSGA-Ⅱ算法对模型进行求解，迭代1000次后得到对应典型年的帕累托前沿，如图7-2所示。总体来说，随着来水量不断减少，供水成本与来水量呈现负相关关系，这是由于优化模型通过调整海岛取水和大陆引水的比例以满足水厂的实际需求，考虑到大陆引水单位成本高于海岛水资源运行单位成本，导致成本支出将呈现整体上升趋势。在不同典型年下，随着供水保证率提高，水厂余蓄量呈先增加再减少的变化趋势，最少可实现零水厂余蓄量，最多可达到500万m^{3}的水厂余蓄量，水厂需水量在配置期间呈动态变化，在配置单元内若水库供水量与水厂需水量不对等，则会产生余蓄水量，进而造成在水厂余蓄量的累积和供水保证率的下降，这种类型的方案在实际中并不可取。

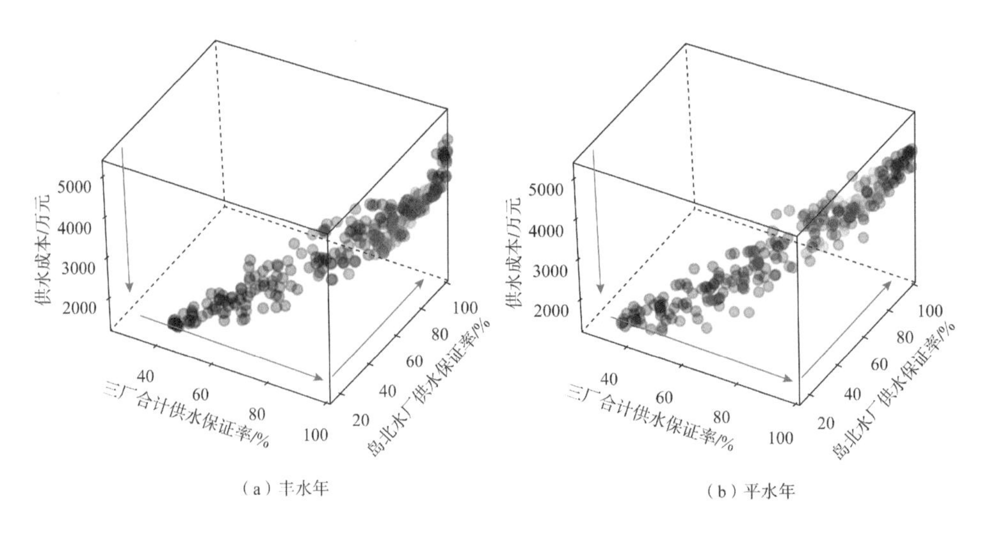

（a）丰水年

（b）平水年

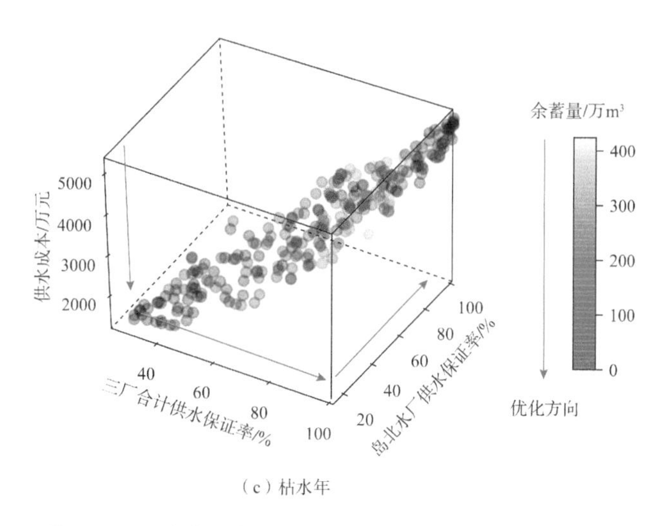

（c）枯水年

图 7-2　三种典型水平年优化配置后的帕累托四维分布

进一步分析不同典型年海岛供水和大陆引水的供水比例关系。将经过优化后的非劣解集对应的海岛供水比例、大陆引水比例和总的供水保证率进行对比分析，如图 7-3 所示。随着来水量逐渐减少，供水保证率的变化范围逐渐增大。在丰水年，海岛水资源为主要供水源；在平水年，海岛供水比例略有下降，同时大陆供水比例有小幅度提升；随着来水量进一步减少，在枯水年，由于海岛各水库的来水量很少，必须依靠大陆引水以满足海岛的需水。有部分解集以大陆引水为主要供水源，此种类型供水方案的成本相对较高，在实际中可能不会被优先采纳，但在海岛水资源库存量告急且预报未来仍持续干旱的情况下，优先使用大陆引水则是较优选择，因此大陆引水在干旱时期占有非常重要的地位。当来水条件一定时，海岛水资源和大陆水资源的不同供水比例组合与供水成本有着显著相关关系。海岛供水为主要水源时的供水成本比大陆引水为主要水源、海岛引水为辅助水源的情况要低，说明提高海岛水资源的利用效率可以有效降低供水成本，有助于社会、经济的协调发展。

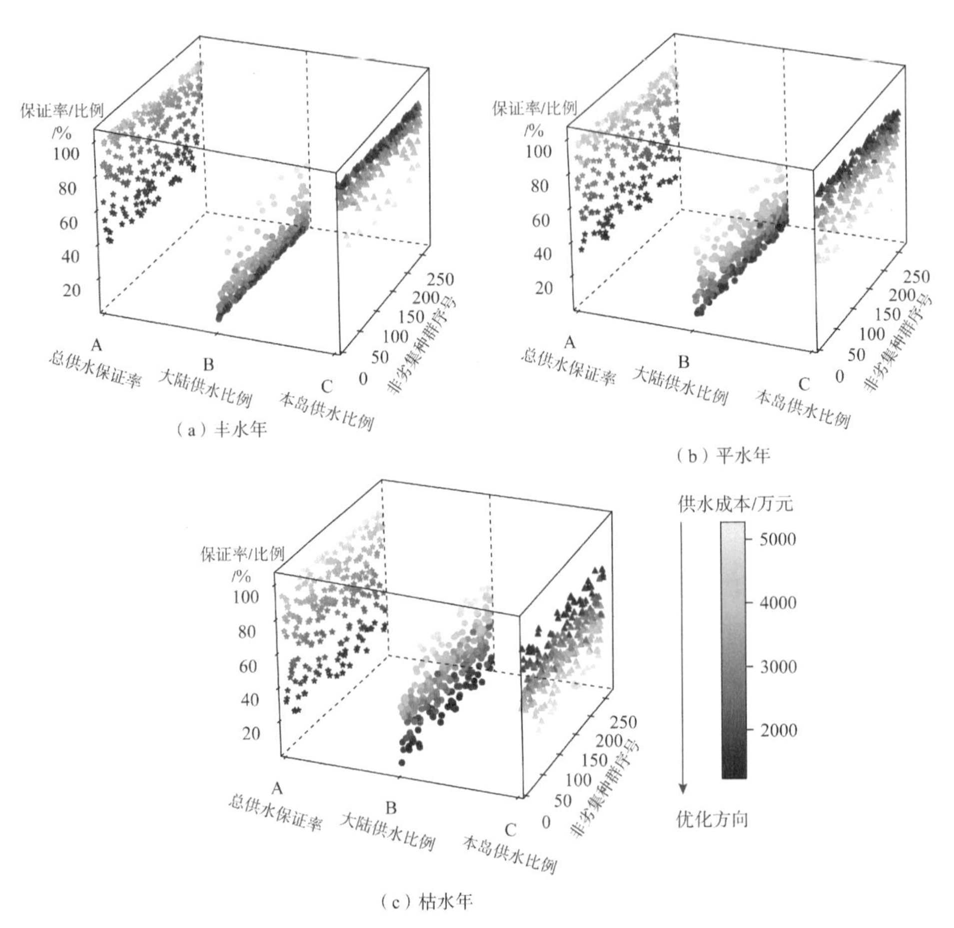

图 7-3　三种典型水平年优化配置后的非劣解集对应的海岛供水比例、大陆供水比例及总供水保证率的对比

7.3.2.2　多属性决策结果及方案分析

进一步选定四个目标函数作为多属性决策中的评判指标，分别是岛北水厂供水保证率、三厂合计供水保证率、成本和水厂余蓄量。首先对帕累托解集进行初步筛选，考虑到实际配置过程中水厂的供水保证率不能过低，缺水程度较高会严重影响人们的正常生活，不利于经济、社会的发展，因此候选方案在供水保证率 80% 以上的解集中选取。再对各解集中的数据进行预处理实现归一化后，采用熵权法获得各指标的离散程度，评判其在综合评价中的影响，计算不同典型年下各指标的客观权重值（objective weight，OW）：丰水年 [0.147，0.141，0.252，0.460]；平水年 [0.143，0.152，0.145，0.560]；枯水年 [0.104，

0.091，0.126，0.679]。

按照以下五种决策偏好设定各典型水平年对应的五种主观权重矩阵：①优先考虑整体供水保证率最大化；②优先考虑岛北水厂供水保证率最大化；③优先考虑三厂合计供水保证率最大化；④优先考虑成本最低；⑤均衡考虑供水保证率和成本最优化。不同主观权重矩阵可以展示决策者在对各方案进行评价时的偏好。基于 AHP 法，根据权重矩阵推算出四个指标权重分布，如图 7-4（a）所示，其中 S1~S5 指代上述五种偏好，OW 指代各指标的客观权重分布。其中 S1、S2、S3 供水保证率指标的权重占比处于绝对优势，S4 中的成本指标则占较大权重，S5 中各指标所占权重值为相对均衡状态。相比于主观权重，客观权重的分布较统一，岛北水厂供水保证率、三厂合计供水保证率和成本三个指标的权重占比基本一致，水厂余蓄量的客观权重几乎占据一半以上，这说明水厂余蓄量的数据分布较为离散，更容易影响综合评价的结果，而其他三个指标值分布范围较为集中。设定组合系数 =1/2 对主客观权重进行线性加权，如图 7-4(b) 所示。线性加权后指标 4(水厂余蓄量）的占比有明显上升，而供水保证率及成本部分的权重占比相应缩减。

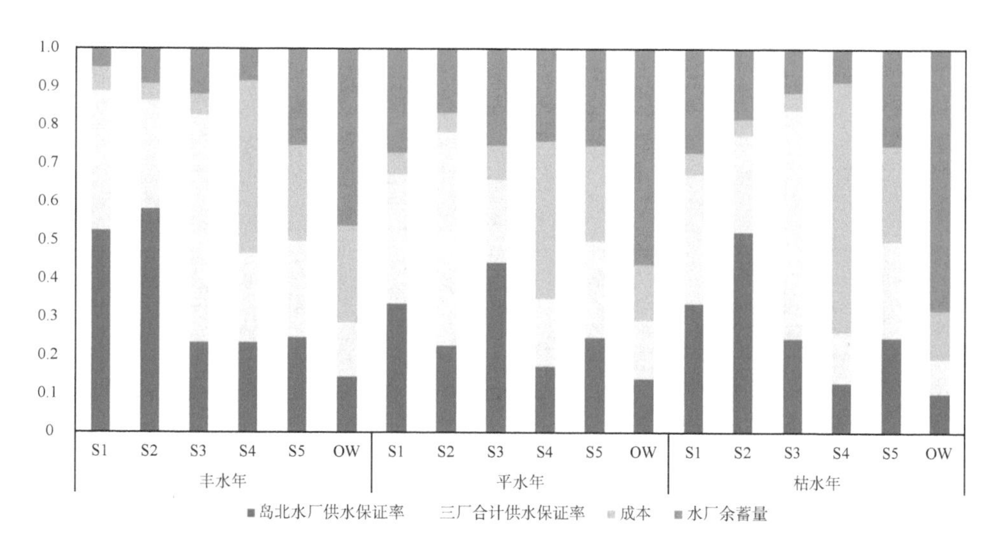

（a）主观权重及客观权重

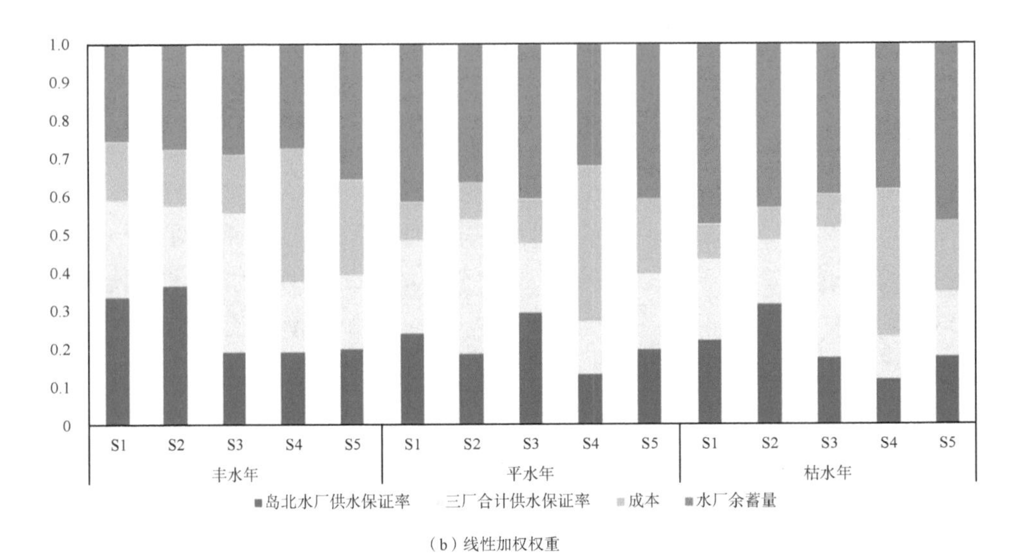

（b）线性加权权重

图 7-4　三种典型水平年下基于五种决策偏好的权重值展示（a）主观权重及客观权重（b）线性加权权重（$\lambda=1/2$）

将典型水平年优化配置结果基于组合赋权的多属性决策方法，按照五种不同的偏好类型确定主观权重，再结合客观权重值进行线性加权平均，获得各指标的最终权重值。依据权重值可得到不同情况下的优选方案，各方案的指标值如图 7-5 所示。

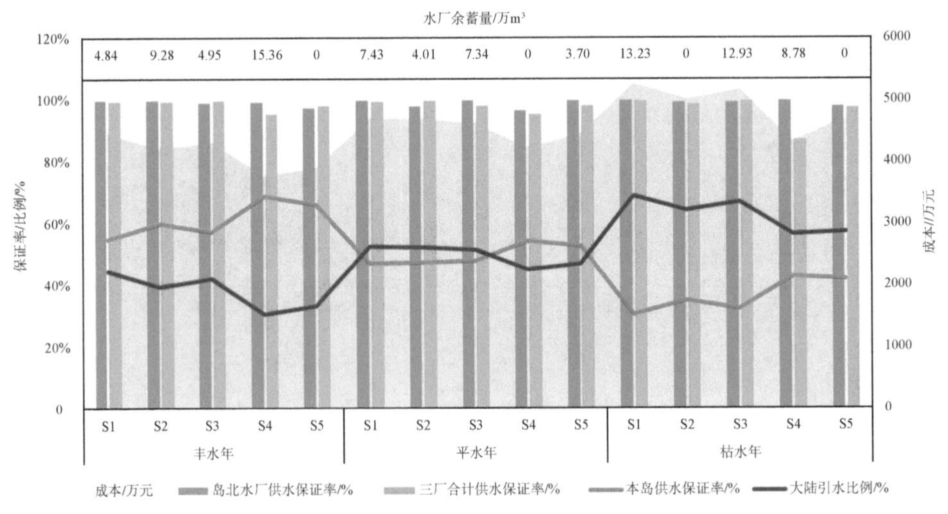

图 7-5　三种典型水平年在不同权重类型下最优方案的指标参数对比

由图7-5可知，在决策偏好的引导下，参考不同指标的优先考虑级别，赋予不同的主观权重矩阵以适应不同的应用场景。如S1方案能实现整体供水保证率最大化，但此时成本支出相对较高，水厂余蓄量处于较高的水平，因此当优先考虑成本最优化或水厂余蓄量最低时，S1方案应首先被淘汰；但当优先考虑整体供水保证率最优化时，S1方案可以作为最优候选解以供参考。S2方案和S3方案分别更侧重于岛北水厂、三厂合计供水保证率的满足，因此当优先考虑各水厂的供水保证率，而对降低成本的需求不高时，可以考虑S1、S2和S3方案。其中当对水厂余蓄量指标的最优化也同样纳入决策考虑时，应优先考虑S2方案。当优先考虑成本最优化时，S4可以作为最优候选解。相较于前四个方案，S5方案在供水保证率、成本降低和水厂余蓄量等各项指标的优化中体现较为均衡的状态，因此当供水资金不充足、对供水保证率要求不高，并且希望最大程度减少水厂余蓄量时，S5为五组方案中最理想的配置方案。不同决策偏好获得的配置方案随着来水量的变化有着明显的变化趋势。随着来水量减少，供水保证率下降，而成本则逐渐增高，但水厂余蓄量与来水量变化没有明显的相关性。根据方案结果可发现，来水量与海岛供水比例呈正相关关系，与大陆引水比例呈负相关。在三种典型年下，S4方案中的海岛供水比例占比最大，大陆引水占比最小，说明当海岛水资源得到充分利用时，可以有效降低成本支出。在实际调度中，依据多属性决策方式，有助于科学分析优化后的调度方案，明确不同方案各自的优劣，以辅助决策者在不同场景下按需选取更适用的方案，提高优化调度的实际应用价值。若能进一步结合中长期预报结果，则优化模型可实现从全局角度提高水资源调度的有效性，协调分配多水源的供水比例，平衡水源与用水户之间的矛盾，且可根据水源的周期性变化，探讨大陆水资源与海岛水资源的可供水量变化关系，以更好地提高经济效益。

7.4　本章小结

本章针对海岛地区复杂水工程群系统，提出了一种新的适用于海岛地区的水资源优化配置方法。基于“分区—分级”优化配置理念，分析了多水源多用水户复杂系统中的水力联系，并以供水保证率最大化、成本支出最小化和水厂余蓄量最小化为目标函数，构建了复杂水工程群多目标优化配置模型，并应用于浙江舟山海岛地区的水资源优化配置。本章的主要结论如下。

1）提出的海岛地区水资源优化配置模型可有效提高水资源的利用效率，协调优化海岛水与大陆引水之间关系，通过降低水厂余蓄量以提升水库供水的有效性，最大程度提高供水保证率，同时降低供水过程中的成本支出。

2）基于“分区—分级”配置理念建立的复杂水工程群多目标优化配置模型可以在不同来水情况下做出合理响应，在丰水年、平水年和枯水年三种不同典型年来水条件下，优化调度方案可以充分利用海岛水资源，海岛的供水比例平均为85.46%、77.16%和61.67%，通过不断调整海岛水和大陆引水的比例，在满足供水保证率情况下尽可能降低成本，实现经济效益的提升。

3）基于AHP法获得的主观权重和熵权信息法获得的客观权重，通过组合系数赋权可以均衡主观影响程度，以辅助科学决策，使优化后的配置方案应用在不同场景。

第8章
考虑径流预报不确定性的海岛地区水库群联合优化调度

舟山大陆引水工程虽然缓解了舟山海岛地区缺水情况，但其长距离海底输水管道运营和维护造成的高昂成本给舟山海岛地区水资源高效利用和成本优化提出了更高要求。本章基于多模型、多因子的多源径流预报，提出考虑预报不确定性的复杂水库群调度决策生成方法，定量揭示预报精度和预见期对调度决策的影响机制三方面开展舟山海岛供水水库群的实时优化调度研究，评估不同预报因子组合和不同预报模型的短期径流预报效果，重点研究考虑径流预报不确定性的复杂水库群联合优化调度。给定不同预报预见期和调度决策期，以数组径流预报模拟结果作为水库调度模型的输入，对水库群调度过程进行滚动模拟，以鲁棒性指标评估预报预见期和调度决策期对水库群调度的影响，提出预报信息的可利用准则，为今后径流预报信息的利用长度和利用方式提供了参考和依据。

8.1 基于贝叶斯模型加权平均的水文不确定性区间估计方法

8.1.1 贝叶斯模型平均方法

本研究采用贝叶斯模型平均方法（BMA）进行组合模拟，以此平衡各模型之间的差异，各成员模型的模拟能力以权重表示，反映模型模拟值与实际值的吻合程度，提供精度更高的调度规则模拟结果[101]。基本原理简介如下：假设 Q 为预报量，$D=[X, Y]$ 为实测数据（其中 X 为输入资料，Y 为实测的流量资料），$f=[f_1, f_2, \ldots, f_K]$ 为 K 个模型预报的集合。根据总概率法则，BMA 模拟变量 y 的概率密度函数可表示为：

$$p(y|D)=\sum_{k=1}^{K} p(f_k|D)\times p_k(y|f_k, D) \tag{8-1}$$

式中，$p(f_k|D)$ 为给定实测数据 D，第 k 个模型预报 f_k 的后验概率，它反映了 f_k 与实测流量 Y 的匹配程度，实际上，$p(f_k|D)$ 就是 BMA 的权重 w_k，预报精度越高的模型得到的权重越大，并且所有的权重都是正值，加起来等于 1，$\sum_{k=1}^{K} w_k=1$；$p_k(y|f_k, D)$ 为在给定模型预报 f_k 和数据 D 的条件下预报量 Q 的后验分布。BMA 模拟变量的后验分布均值和方差可表示为：

$$E|(y|D)=\sum_{k=1}^{K} p(f_k|D)\times E[p_k(y|f_k, D)]=\sum_{k=1}^{K} w_k f_k \tag{8-2}$$

$$\mathrm{Var}[y|D]=\sum_{k=1}^{K} w_k\left(f_k-\sum_{k=1}^{K} w_k f_k\right)^2+\sum_{k=1}^{K} w_k \sigma_k{}^2 \tag{8-3}$$

式中，$\sigma_k{}^2$ 为给定实际决策变量数据 D 和模型 f_k 的条件下模拟变量的方差。期望最大化（expectation-maximization, EM）算法[102]是建立在 K 个模型预报均服从正态分布之假设的计算 BMA 的有效方法，具有易实现、计算速度快的优点。在用 EM 算法之前，应采用 Matlab 中的 Box-Cox 函数对实测流量和模型预报流量数据进行正态转换。

以 $\theta=\left\{w_k, \sigma_k^2, k=1,2,\ldots,K\right\}$ 表示待求的 BMA 参数，则关于 θ 的似然函数的对数形式可以表示为：

$$l(\theta)=\ln\left(\sum_{k=1}^{K}\left(w_k\cdot g\left(Q|f_k, \sigma_k^2\right)\right)\right) \tag{8-4}$$

式中，$g\left(Q|f_k^t, \sigma_k^2\right)$ 表示均值为 f_k，方差为 σ_k^2 的正态分布。

由式（8-4）难以求得 θ 的解析解，而 EM 算法可以通过期望和最大化两步的反复迭代直至收敛，得到极大似然值，从而得到 $\theta=\left\{w_k, \sigma_k^2, k=1,2,\ldots,K\right\}$ 的数值解。

8.1.2　水文预报不确定性区间估计方法

用 EM 算法计算得到 BMA 权重 w_k 和模型预报误差 σ_k^2 之后，采用蒙特卡罗组合抽样方法来产生 BMA 任意时刻 t 的预报值的不确定性区间。详细步骤介绍如下[87]。

1）根据各水文模型的权重 $\left[w_1, w_2, \cdots, w_K\right]$，在 $\left[1, 2, \cdots, K\right]$ 中随机生成一个整数 k 来抽选模型。具体步骤如下：a）设累积概率 $w_0'=0$，计算 $w_k' = w_{k-1}' + w_k k = (1,2,\cdots,k)$；b）随机产生一个 0 到 1 之间的小数 u；c）如果 $w_{k-1}' \le u \le w_k'$，则表示选择第 k 个模型。

2）由第 k 个模型在 t 时刻的概率分布中随机产生一个流量值 Q_t。其 $g\left(Q_t \middle| f_k^t, \sigma_k^2\right)$ 表示均值为 f_k^t，方差为 σ_k^2 的正态分布。

3）重复步骤 1）和 2）M 次。M 是在任意时刻 t 的样本容量，本章中令 $M=1000$。BMA 在任意时刻 t 的 100 个样本由上述方法取样得到后，将它们从小到大排序,BMA 的 90% 预报区间就是 5% 和 95% 分位数之间的部分。对单个模型，同样采取蒙特卡罗随机抽样方法。由每个模型在 t 时刻的概率分布 $g\left(Q_t \middle| f_k^t, \sigma_k^2\right)$ 可以随机抽取 1000 个样本，从而得到各模型的 90% 预报不确定性区间。

8.1.3 预报不确定性区间评价指标

Xiong 等[101]已经列出了一系列指标来评价预报不确定性区间的优良性。本章主要采用以下两个主要指标来分析比较 BMA 的预报区间。

（1）覆盖率（CR）。覆盖率是指预报区间覆盖实测流量数据的比率。它是最常用的预报区间评价指标。CR 值越大，表示预报区间覆盖率越高。

$$\mathrm{CR} = \frac{1}{T}\sum_{t=1}^{T} N_t \times 100\% \quad N_t = \begin{cases} 1 & \text{if } \widehat{Q}_{l,t} \le Q_{o,t} \le \widehat{Q}_{u,t} \\ 0 & \text{else} \end{cases} \tag{8-5}$$

（2）平均偏移幅度（D）。平均偏移幅度 D 是衡量预报区间的中心线偏离实测流量过程线的程度的指标。计算公式如下：

$$D=\frac{1}{T}\sum_{t=1}^{T}\left|\frac{1}{2}\left(\widehat{Q}_{l,t}+\widehat{Q}_{u,t}\right)-Q_{o,t}\right| \tag{8-6}$$

式中，$Q_{o,t}$ 为 t 时刻的实测流量，单位为 m^3/s，$\widehat{Q}_{l,t}$，$\widehat{Q}_{u,t}$ 分别值区间上下限流量，单位为 m^3/s。理论上，平均偏移幅度越小，表示预报区间的对称性越好。

8.2 考虑径流预报不确定性的水库群参数化鲁棒优化调度方法

鲁棒性（robustness）是一个系统面临内部结构（如参数）和外部环境（如变化情景）变化时，能够保持其系统功能的能力，是伴随风险问题而普遍存在的一种现象[103]。传统的优化方法难以处理因内部参数变化或外部扰动等因素引起的不确定性优化问题，因此，有学者耦合鲁棒理论与优化方法提出了一种基于鲁棒优化解决不确定性优化问题的方法。鲁棒优化和传统的不确定性优化方法区别在于：①鲁棒优化不同于随机规划，不需要对发生概率大的值进行特殊处理，它认为所有的不确定性变化均可能发生，其目标是寻求一个对于所有不确定输入都能具有良好性能的解，兼顾经济与安全性。②鲁棒优化的建模思想是以最坏的情况为基础，因此鲁棒优化得出的优化方案并不是绝对最优，但是在参数或者外部发生变动时仍为可行方案。鲁棒多目标优化是在鲁棒优化思想的基础上，考虑多个目标和多重不确定性共存的优化调度问题，同样适用于外部环境和内部参数的不确定性变化特征。不确定性变化下鲁棒多目标优化问题一般数学模型：

$$\begin{gathered}\text{(UDM)}\ \min F(x,\xi)=\left\{f_1(x,\xi),f_2(x,\xi),\ldots,f_m(x,\xi)\right\}\\ \text{s.t}\ x\in X_f\end{gathered} \tag{8-7}$$

式中，对于任意随机序列 ξ，可行解 x 的目标值是一个集合，被描述为 $F_U(x)=\left\{F(x,\xi):\xi\in \mathrm{U}\right\}$。若 $x^*\in X_f$，当且仅当不存在 $x\in X_f\setminus\{x^*\}$，使得 $F_U(x)\succ F_U(x^*)$ 成立，则 x^* 是不确定性变化下优化问题的鲁棒最优解。由多个 x^* 组成的集合称为鲁棒帕累托非劣解集。

2014 年，有学者首次提出了两种不同的鲁棒多目标求解方法。第一种方法直接从目标函数方面考虑，将每个目标函数进行均值化处理，重新生成具有鲁棒性的多目标函数。第二种方法则从约束条件方面考虑，添加原目标函数与均值 / 最差解之间的差值约束，提高解集的鲁棒性。本章选择第一种处理方法进行多目标调度模型的求解。同时，不同于以往直接基于 MOEA 方法求解获取调度决策结果，本章以 Gaussian 径向基函数（radial basis function，RBF）建立水库群参数化调度规则 $\theta=\left[c_{i,j,k},b_{i,j,k},\omega_{i,j,k}\right]$，求解供水区引水量、受水区水库供水量，具体水库群参数化鲁棒优化调度方法设计框架如图 8-1 所示。RBF 参数化调度规则如下所示：

$$u_t^k=\sum_{i=1}^{N}\omega_{i,k}\varphi_{i,k}(\Gamma_t) \tag{8-8}$$

$$\varphi_{i,k}(\Gamma_t)=\exp\left[-\sum_{j=1}^{M}\frac{\left[(\Gamma_t)_j-c_{j,i}\right]^2}{b_{j,i}^2}\right] \tag{8-9}$$

式中，u_t^k 为 t 时段的第 k 个决策变量；Γ_t 为 t 时段决策因子，M 为决策因子的个数；$\varphi(\cdot)$ 为 RBF 函数，N 为 RBF 的个数，$\omega_{i,k}$ 为第 k 个决策变量的第 i 个 RBF 对应的权重，$\sum_{i=1}^{N}\omega_{i,k}=1$；$c_{j,i}$ 和 $b_{j,i}$ 为第 i 个 RBF 的参数，$c_{j,i}\in[-1,1]$，$b_{j,i}\in(0,1]$。

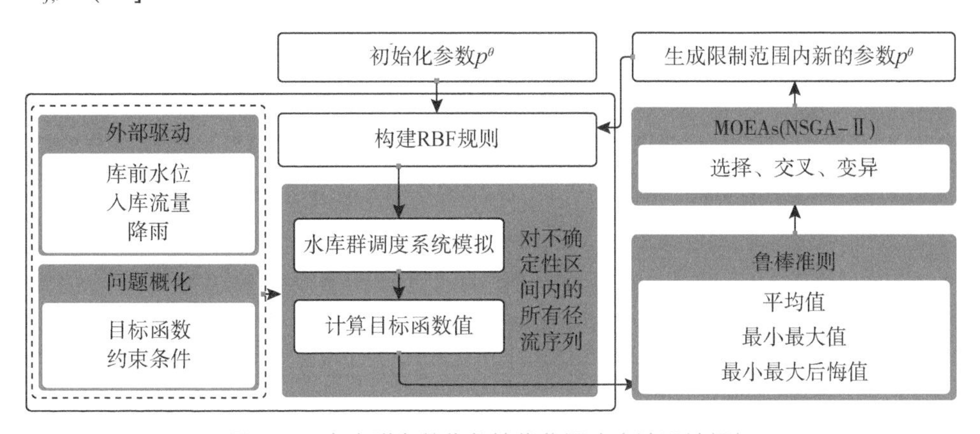

图 8-1　水库群参数化鲁棒优化调度方法设计框架

8.3 研究实验方案设计

基于是否考虑历史观测气象信息和是否考虑未来预报气象信息，建立以下五种预报因子模型，其中模型 1 仅考虑径流信息，模型 2 考虑历史降雨和径流信息，模型 3 同时考虑历史气象信息（降雨、蒸发）和径流信息，模型 4 仅考虑历史气象信息，模型 5 同时考虑气象信息（历史观测、未来预报）和径流信息。其中，Q_a，P_a，E_a 分别为历史径流、降水和蒸发观测信息，P_f，E_f 分别为未来降水、蒸发预报信息。

$$\begin{aligned}
&\mathrm{S1}: Q_{i+1}^{f} = f\left(Q_a\right) \\
&\mathrm{S2}: Q_{i+1}^{f} = f\left(Q_a, P_a\right) \\
&\mathrm{S3}: Q_{i+1}^{f} = f\left(Q_a, P_a, E_a\right) \\
&\mathrm{S4}: Q_{i+1}^{f} = f\left(P_a, E_a, P_f, E_f\right) \\
&\mathrm{S5}: Q_{i+1}^{f} = f\left(Q_a, P_a, E_a, P_f, E_f\right)
\end{aligned} \tag{8-10}$$

水文预报除了关注预报精度外，预见期的长短对于指导水库调度运行也有重要的意义。水库运行往往需要预测未来一周的日径流情况以制订水库运行的周计划，因此针对五种预测模型，分别建立预见期为 1~7d 的预测模型。本研究以 2002—2008 年逐日径流数据作为研究基础，其中为避免模型过拟合，选择 2002—2006 年为率定期，2007 年为验证期，2008 年为测试期。

调度模型采用第 2 章提出的海岛地区水资源优化配置模型，目标函数分别包括岛北水厂供水保证率最大、三厂合计水厂供水保证率最大和净成本最低三个，分区—分级过程可参考第 7 章内容。选择 2007 年 4 月 1 日—2008 年 3 月 31 日逐日预测径流数据，进行舟山海岛地区复杂水库群多目标鲁棒优化调度，采用 NSGA-Ⅱ算法优选规则参数。

8.4　结果与分析

8.4.1　基于机器学习模型的水库群径流确定性预测

首先基于 LSTM 模型、GRU 模型和 GWO-LSSVM 模型分别对舟山海岛地区 24 个水库进行径流预报，以 NSE 指数评估不同模型在预见期 1~7d 时的预报效果，结果如表 8-1 所示。五种预报组合的预报精度为：S5>S4>S3>S2>S1。首先以预见期 1d 为例，说明不同模型在不同预报因子组合下的 NSE 性能评价指标对比情况。其中，组合 S1 在率定期内的 NSE 为 0.11~0.87，组合 S3 的 NSE 为 0.61~0.97，组合 S5 最大且可达到 0.9 以上，说明引入气象信息明显较仅考虑径流时间序列信息的预报精度更高。S3 与 S5 相比，在预见期 1d 时仅未考虑当前预报时段的气象信息，其两者之间的差距可说明耦合预报气象信息可以提高预报准确性。

随着预见期的延长，在预报因子组合 S1 和 S3 下，三种模型的 NSE 指标均不断减少。这是因为 S1 和 S3 未引入气象预报信息，当前预报阶段径流与历史水文、气象信息相关性相对较小，径流不确定性增强。其中，由于气象信息随着预见期延长与径流的相关性逐渐减弱，导致 S3 预报精度下降幅度最大，甚至与 S1 近似。而在 S5 下三种模型的性能评价指标变化幅度较小，主要因为其结合了未来气象预报信息进行预报。

由于将基础数据划分为率定期、验证期和测试期以避免预报模型的过拟合现象，不同时期内预报效果相差较小，说明了三种预报模型具有较好的泛化能力和稳定的性能。两种 RNN 模型和 LSSVM 模型在不同预报因子组合下无明显差别，验证期内，LSSVM 模型与其他两种模型相比较稍差，而在测试期内，LSSVM 模型优于其他两种模型。对比 LSTM 模型和 GRU 模型，两者之间的预报效果相差不明显，考虑到 LSTM 模型较 GRU 模型结构复杂且运行时间更长，因此在实际预报中可选择 GRU 模型作为预报模型。

表 8-1　不同预报因子的 NSE 性能评价指标对比

时期	预见期 /d	LSTM					GRU					GWO−LSSVM				
		S1	S2	S3	S4	S5	S1	S2	S3	S4	S5	S1	S2	S3	S4	S5
率定期	1	[0.11, 0.87]	[0.57, 0.94]	[0.61, 0.97]	[0.80, 0.96]	[0.93, 0.99]	[0.18, 0.87]	[0.57, 0.87]	[0.53, 0.98]	[0.66, 0.96]	[0.89, 0.99]	[0.17, 0.91]	[0.54, 0.86]	[0.58, 0.97]	[0.87, 0.97]	[0.96, 0.99]
	2	[0.05, 0.58]	[0.27, 0.72]	[0.34, 0.93]	[0.82, 0.95]	[0.91, 0.99]	[0.07, 0.58]	[0.29, 0.66]	[0.36, 0.87]	[0.78, 0.96]	[0.87, 0.99]	[0.08, 0.58]	[0.27, 0.72]	[0.31, 0.83]	[0.87, 0.97]	[0.94, 0.97]
	3	[0.03, 0.48]	[0.11, 0.55]	[0.13, 0.63]	[0.75, 0.94]	[0.91, 0.98]	[0.05, 0.51]	[0.10, 0.52]	[0.14, 0.62]	[0.79, 0.95]	[0.92, 0.98]	[0.05, 0.51]	[0.13, 0.55]	[0.11, 0.59]	[0.86, 0.94]	[0.93, 0.96]
	4	[0.03, 0.44]	[0.08, 0.49]	[0.10, 0.56]	[0.84, 0.95]	[0.94, 0.98]	[0.04, 0.45]	[0.08, 0.45]	[0.12, 0.56]	[0.80, 0.95]	[0.90, 0.98]	[0.05, 0.45]	[0.1, 0.8]	[0.09, 0.54]	[0.87, 0.92]	[0.92, 0.95]
	5	[0.01, 0.17]	[0.02, 0.16]	[0.03, 0.22]	[0.74, 0.95]	[0.94, 0.98]	[0.02, 0.17]	[0.02, 0.17]	[0.05, 0.22]	[0.86, 0.95]	[0.89, 0.98]	[0.03, 0.16]	[0.05, 0.46]	[0.03, 0.23]	[0.87, 0.93]	[0.93, 0.95]
	6	[0.01, 0.39]	[0.06, 0.39]	[0.07, 0.44]	[0.83, 0.95]	[0.93, 0.98]	[0.02, 0.4]	[0.05, 0.38]	[0.09, 0.46]	[0.8, 0.95]	[0.91, 0.98]	[0.03, 0.41]	[0.07, 0.87]	[0.05, 0.45]	[0.87, 0.90]	[0.89, 0.94]
	7	[0.01, 0.18]	[0.04, 0.19]	[0.04, 0.24]	[0.84, 0.96]	[0.94, 0.97]	[0.02, 0.19]	[0.04, 0.19]	[0.07, 0.26]	[0.86, 0.95]	[0.93, 0.97]	[0.02, 0.19]	[0.06, 0.81]	[0.06, 0.25]	[0.84, 0.88]	[0.85, 0.94]
验证期	1	[0.09, 0.90]	[0.45, 0.93]	[0.50, 0.92]	[0.79, 0.96]	[0.82, 0.97]	[0.11, 0.87]	[0.47, 0.87]	[0.51, 0.98]	[0.34, 0.96]	[0.81, 0.99]	[0.04, 0.79]	[0.5, 0.95]	[0.58, 0.88]	[0.70, 0.93]	[0.76, 0.90]
	2	[0.08, 0.85]	[0.01, 0.87]	[0.01, 0.90]	[0.42, 0.95]	[0.64, 0.95]	[0.09, 0.58]	[0.09, 0.66]	[0.07, 0.87]	[0.54, 0.96]	[0.76, 0.99]	[0.00, 0.74]	[0.01, 0.83]	[0.03, 0.86]	[0.70, 0.93]	[0.67, 0.95]
	3	[0.08, 0.83]	[0.02, 0.83]	[−0.01, 0.87]	[0.79, 0.96]	[0.68, 0.96]	[0.09, 0.51]	[0.09, 0.52]	[0.08, 0.62]	[0.52, 0.95]	[0.77, 0.98]	[0.00, 0.74]	[0.02, 0.8]	[0.03, 0.83]	[0.74, 0.94]	[0.76, 0.95]
	4	[0.08, 0.83]	[0.01, 0.84]	[0.02, 0.89]	[0.80, 0.96]	[0.68, 0.95]	[0.09, 0.45]	[0.08, 0.45]	[0.07, 0.56]	[0.52, 0.95]	[0.78, 0.98]	[0.00, 0.74]	[0.01, 0.81]	[0.04, 0.84]	[0.73, 0.94]	[0.77, 0.95]
	5	[0.08, 0.81]	[0.01, 0.82]	[0.01, 0.85]	[0.75, 0.96]	[0.67, 0.96]	[0.08, 0.17]	[0.07, 0.17]	[0.06, 0.22]	[0.52, 0.95]	[0.74, 0.98]	[0.00, 0.72]	[−0.01, 0.78]	[0.02, 0.81]	[0.70, 0.94]	[0.76, 0.94]
	6	[0.08, 0.80]	[0.00, 0.80]	[0.00, 0.84]	[0.80, 0.95]	[0.67, 0.94]	[0.09, 0.4]	[0.07, 0.38]	[0.05, 0.46]	[0.51, 0.95]	[0.80, 0.98]	[0.01, 0.71]	[0.00, 0.77]	[0.02, 0.79]	[0.73, 0.94]	[0.76, 0.94]
	7	[0.07, 0.78]	[0.01, 0.79]	[0.00, 0.82]	[0.76, 0.96]	[0.69, 0.95]	[0.08, 0.19]	[0.07, 0.19]	[0.06, 0.26]	[0.53, 0.95]	[0.76, 0.97]	[0.00, 0.70]	[0.00, 0.76]	[0.02, 0.79]	[0.77, 0.95]	[0.77, 0.95]

续表

时期	预见期/d	LSTM					GRU					GWO−LSSVM				
		S1	S2	S3	S4	S5	S1	S2	S3	S4	S5	S1	S2	S3	S4	S5
测试期	1	[−0.04, 0.69]	[0.50, 0.73]	[0.56, 0.89]	[0.58, 0.77]	[0.54, 0.87]	[−0.09, 0.71]	[0.48, 0.74]	[0.54, 0.87]	[0.54, 0.76]	[0.65, 0.89]	[0.04, 0.72]	[0.53, 0.71]	[0.58, 0.88]	[0.69, 0.79]	[0.76, 0.90]
	2	[−0.13, 0.69]	[0.04, 0.62]	[0.03, 0.75]	[0.41, 0.78]	[0.63, 0.85]	[−0.16, 0.66]	[0.04, 0.59]	[0.03, 0.7]	[0.58, 0.77]	[0.61, 0.86]	[−0.01, 0.71]	[0.03, 0.63]	[0.03, 0.78]	[0.69, 0.79]	[0.75, 0.86]
	3	[0.01, 0.20]	[0.48, 0.65]	[0.50, 0.72]	[0.58, 0.73]	[0.56, 0.83]	[0.03, 0.2]	[0.51, 0.65]	[0.48, 0.71]	[0.61, 0.78]	[0.69, 0.82]	[0.03, 0.2]	[0.50, 0.63]	[0.58, 0.70]	[0.67, 0.74]	[0.73, 0.81]
	4	[−0.01, 0.15]	[0.02, 0.13]	[0.01, 0.17]	[0.41, 0.77]	[0.63, 0.83]	[−0.02, 0.13]	[0.02, 0.13]	[0.01, 0.15]	[0.57, 0.77]	[0.60, 0.83]	[−0.01, 0.13]	[0.01, 0.12]	[0.02, 0.18]	[0.68, 0.81]	[0.74, 0.83]
	5	[−0.01, 0.14]	[0.01, 0.14]	[−0.01, 0.17]	[0.63, 0.78]	[0.63, 0.81]	[−0.02, 0.14]	[−0.01, 0.15]	[0.00, 0.18]	[0.53, 0.75]	[0.62, 0.80]	[0.00, 0.12]	[0.01, 0.15]	[0.01, 0.21]	[0.65, 0.77]	[0.69, 0.80]
	6	[−0.01, 0.05]	[0.01, 0.08]	[0.00, 0.10]	[0.62, 0.76]	[0.62, 0.80]	[−0.01, 0.05]	[0.01, 0.08]	[0.00, 0.08]	[0.56, 0.82]	[0.58, 0.82]	[−0.01, 0.04]	[0.02, 0.07]	[0.01, 0.08]	[0.59, 0.75]	[0.62, 0.77]
	7	[−0.02, 0.04]	[0.23, 0.40]	[0.19, 0.45]	[0.57, 0.74]	[0.55, 0.82]	[−0.02, 0.03]	[0.22, 0.47]	[0.20, 0.47]	[0.59, 0.81]	[0.65, 0.79]	[−0.01, 0.03]	[0.24, 0.34]	[0.27, 0.40]	[0.69, 0.82]	[0.75, 0.81]

8.4.2 基于贝叶斯模型平均的水库群径流不确定性预报

进一步，重点依据组合 S3 和 S5 进行径流不确定性预报研究。基于 LSTM 模型、GRU 模型和 GWO-LSSVM 模型预报值用于 BMA 方法的综合，三个模型在预见期 1d 和 7d 时的不同水库权重分布如图 8-2 所示。由图可知，不同模型对不同水库表现能力不一致。例如，GRU 模型对虹桥水库的预报效果优于其他两个模型，而 LSTM 模型对岑港水库的预报效果在三个模型中最好。以上说明了使用 BMA 方法可避免由模型结构带来的不确定性是有必要的。采用 NSE、RMSE 和 MAE 性能指标评估 BMA 方法对不同水库的预报精度情况，从表 8-2 可以看出，BMA 预报值在预报因子组合 S5 下明显优于预报因子组合 S3。由于权重基于三个单一模型在率定期内的预报值获取，因此在率定期内，BMA 在三个性能指标上均优于其他三个单一模型。尤其是预报因子组合 S3，在率定期内其 NSE 系数位于 0.94~0.99，RMSE 位于 0.01~0.12m^3/s，MAE 位于 0.01~0.04 m^3/s。在验证期和测试期内，除 GRU 模型在验证期内较 BMA 方法稍好之外，BMA 预报值均优于其他三个模型。这进一步说明了通过 BMA 方法加权平均后的预报值比单一模型的模拟效果好，模拟精度更高。

因篇幅限制，本章主要以虹桥水库、勾山水库和南岙水库为例，展示预报因子组合 S3 和 S5 下不同预见期预报结果，如图 8-3 和图 8-4 所示。可知在两种预报因子组合下，对虹桥水库的预报效果均较勾山水库和南岙水库差。以上再次说明采用相同的模型结构参数、相同神经网络模型对不同特征径流的模拟效果不同。针对海岛地区小水库群，高水预报若被高估，则水库提前放水，影响后续供水效益；而高水若被低估，由于水库集水蓄存能力有限，则导致水资源被浪费，且易造成洪水和内涝等自然灾害，因此高水流量模拟的准确性对供水安全影响较大。对于虹桥水库，即使是 BMA 方法对高水的预报也有所低估，但是该现象随预报气象数据（S5）的引入有所改善。对于勾山水库和南岙水库，BMA 模型对高水和低水均有很好的预报精度。

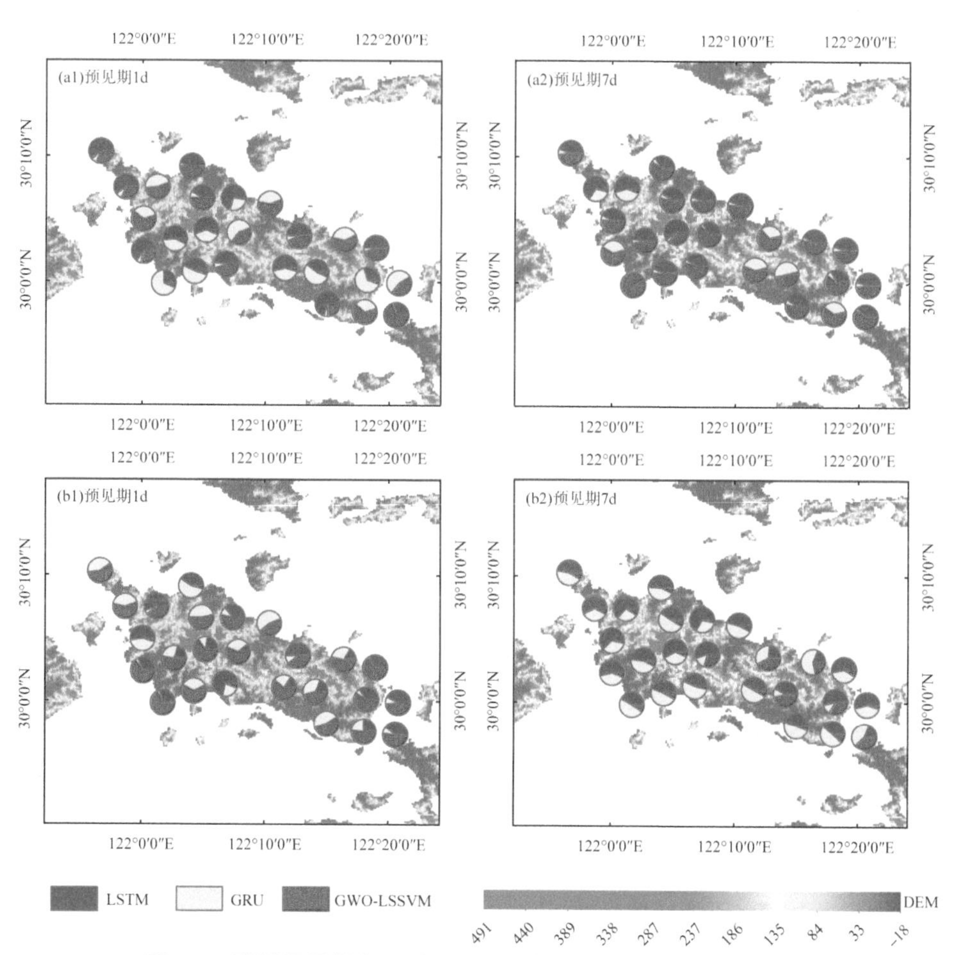

图 8-2 预报因子组合 S3 和 S5 下三个单一预报模型的权重分布

表 8-2 预报因子组合 S3 和 S5 下 BMA 预报值性能评价指标对比

时期	预见期/d	NSE		RMSE/(m³/s)		MAE(m³/s)	
		S3	S5	S3	S5	S3	S5
率定期	1	[0.60, 0.98]	[0.97, 0.99]	[0.02, 0.36]	[0.01, 0.09]	[0.01, 0.09]	[0.01, 0.03]
	2	[0.36, 0.92]	[0.96, 0.99]	[0.04, 0.46]	[0.02, 0.10]	[0.02, 0.13]	[0.01, 0.04]
	3	[0.14, 0.63]	[0.95, 0.98]	[0.09, 0.53]	[0.02, 0.11]	[0.03, 0.15]	[0.01, 0.04]

续表

时期	预见期/d	NSE		RMSE/(m³/s)		MAE(m³/s)	
		S3	S5	S3	S5	S3	S5
率定期	4	[0.12,0.57]	[0.94,0.98]	[0.10,0.54]	[0.02,0.12]	[0.04,0.17]	[0.01,0.04]
	5	[0.04,0.23]	[0.95,0.98]	[0.14,0.56]	[0.02,0.12]	[0.04,0.17]	[0.01,0.04]
	6	[0.07,0.46]	[0.94,0.98]	[0.11,0.55]	[0.02,0.10]	[0.04,0.17]	[0.01,0.04]
	7	[0.06,0.25]	[0.94,0.97]	[0.13,0.52]	[0.03,0.11]	[0.05,0.15]	[0.01,0.04]
验证期	1	[0.60,0.92]	[0.84,0.96]	[0.08,0.66]	[0.06,0.39]	[0.02,0.13]	[0.02,0.10]
	2	[0.07,0.93]	[0.80,0.96]	[0.07,1.09]	[0.06,0.33]	[0.03,0.19]	[0.02,0.09]
	3	[0.06,0.90]	[0.82,0.95]	[0.09,1.09]	[0.06,0.30]	[0.04,0.21]	[0.02,0.09]
	4	[0.08,0.91]	[0.85,0.96]	[0.08,1.07]	[0.06,0.34]	[0.04,0.19]	[0.02,0.09]
	5	[0.09,0.85]	[0.85,0.96]	[0.11,1.08]	[0.05,0.29]	[0.05,0.22]	[0.02,0.09]
	6	[0.06,0.83]	[0.86,0.95]	[0.11,1.08]	[0.06,0.34]	[0.05,0.21]	[0.03,0.09]
	7	[0.04,0.82]	[0.87,0.96]	[0.12,1.10]	[0.06,0.35]	[0.05,0.22]	[0.02,0.10]
测试期	1	[0.60,0.89]	[0.76,0.89]	[0.08,0.68]	[0.08,0.47]	[0.03,0.20]	[0.03,0.16]
	2	[0.05,0.76]	[0.68,0.87]	[0.12,1.05]	[0.09,0.50]	[0.05,0.27]	[0.04,0.16]
	3	[0.59,0.73]	[0.68,0.83]	[0.13,0.69]	[0.10,0.53]	[0.05,0.23]	[0.04,0.16]
	4	[0.03,0.18]	[0.69,0.83]	[0.22,1.06]	[0.10,0.54]	[0.08,0.29]	[0.04,0.16]
	5	[0.01,0.21]	[0.68,0.81]	[0.21,1.08]	[0.11,0.51]	[0.08,0.30]	[0.04,0.16]
	6	[0.02,0.09]	[0.64,0.81]	[0.23,1.07]	[0.11,0.63]	[0.09,0.30]	[0.04,0.18]
	7	[0.25,0.43]	[0.67,0.80]	[0.19,0.84]	[0.12,0.55]	[0.09,0.28]	[0.05,0.16]

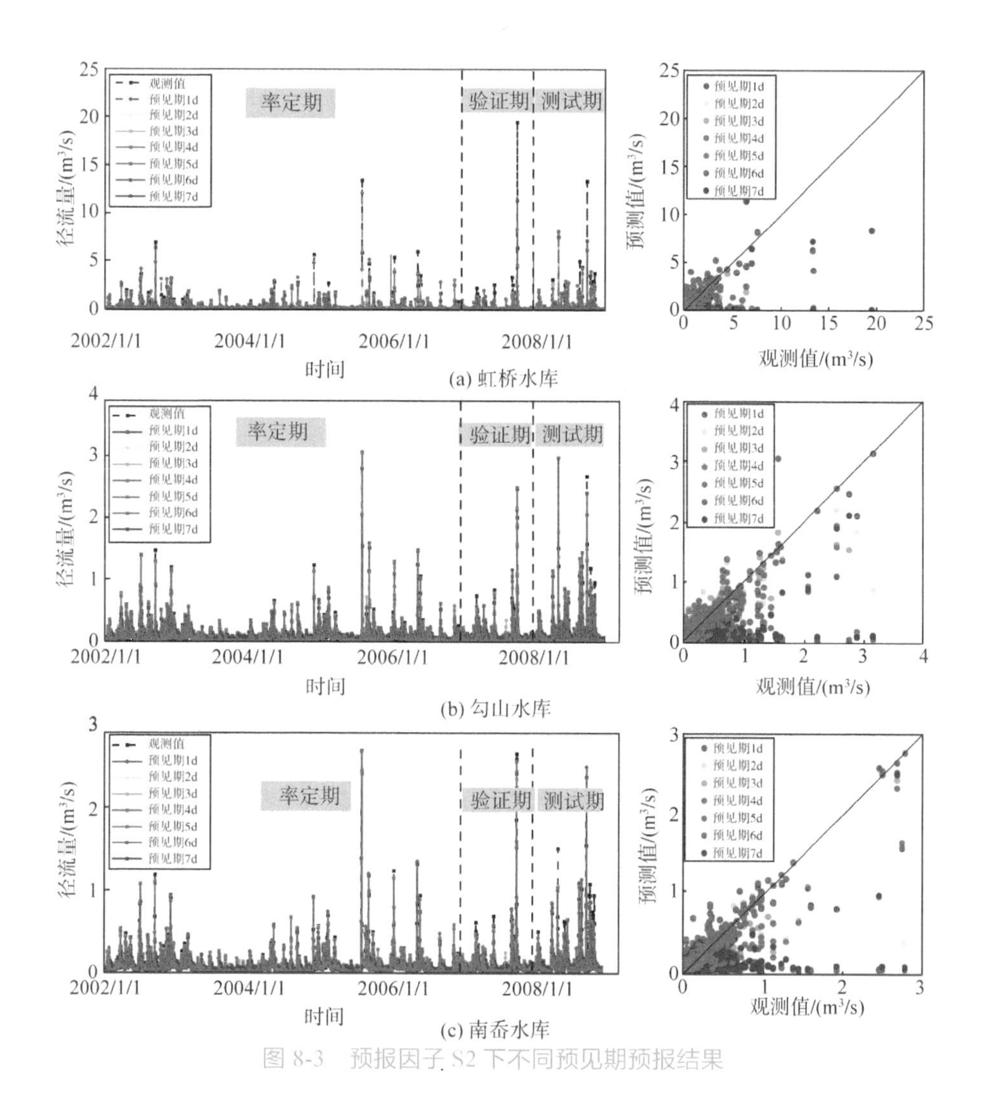

图 8-3　预报因子 S2 下不同预见期预报结果

进一步，采用蒙特卡罗组合抽样方法来产生 BMA 任意时刻 t 的预报值的不确定性区间。采用覆盖率（CR）和平均偏移幅度（D）两个指标说明分析 BMA 方法的预报区间结果，如表 8-3 所示。由表可知，预报因子组合 S5 的 BMA 预报区间优于预报因子 S3，其对实测值的覆盖率高于 S3 且平均偏移幅度较小，具体而言，其对实测值的覆盖率能达到 99%，即使在测试期，平均偏移幅度均小于 18%。图 8-5 和图 8-6 以虹桥水库、勾山水库和南岙水库为例，表示 BMA 方法在预报因子组合 S3 和 S5 下预见期 1d 和 7d 时的

90% 预报区间，其结果与表 8-3 一致。从图 8-5 和图 8-6 可以看出，BMA 的预报区间在预报因子 S3 对高水的覆盖率较差，尤其是虹桥水库。而对于预报因子 S5，在预见期 1d 和 7d 时均可以较好地覆盖实测径流序列，可说明耦合预报气象信息可以提高预报准确性。

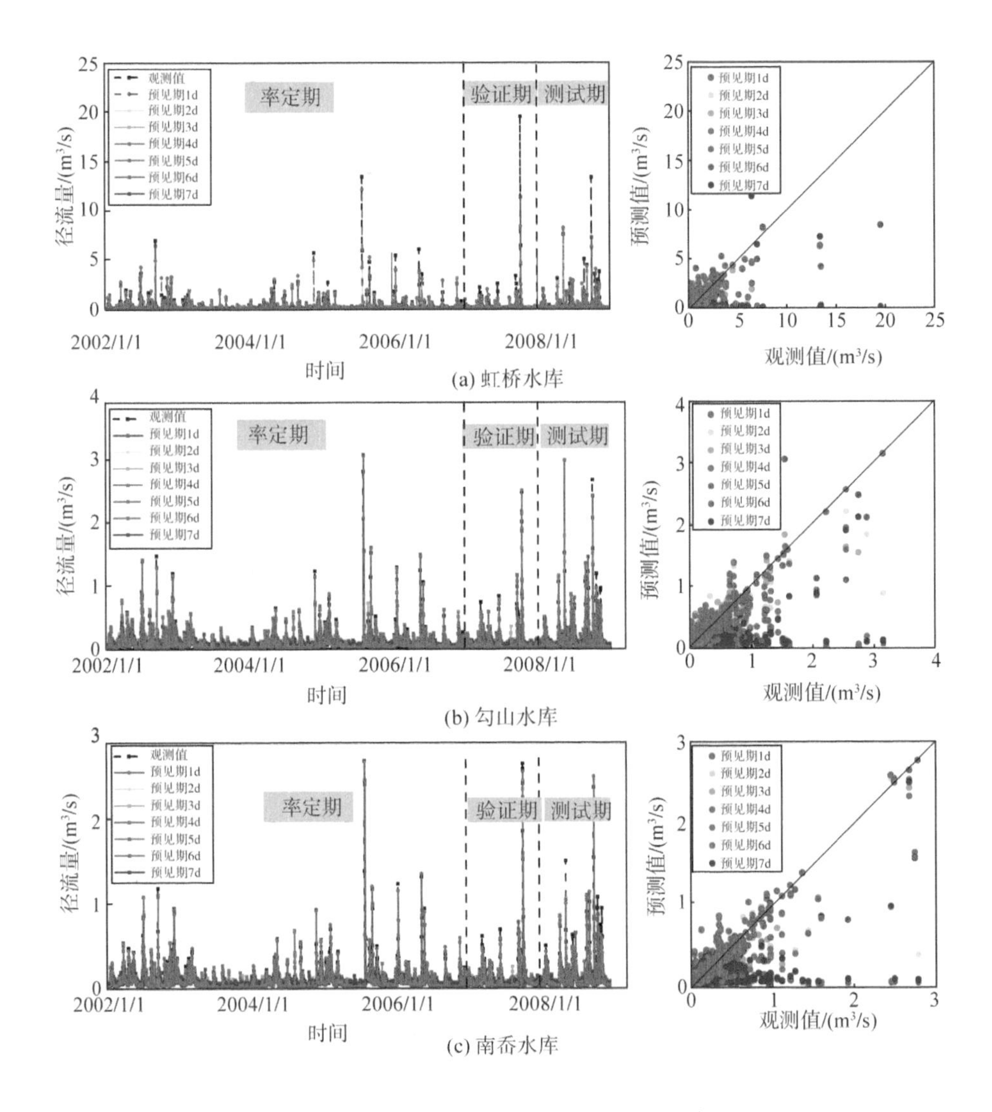

图 8-4　预报因子 S3 下不同预见期预报结果

表 8-3　BMA 的 90% 预报区间在整个流量序列的统计结果

时期	预见期/d	CR/%		D/(m³/s)	
		S3	S5	S3	S5
率定期	1	[94.36, 99.86]	[96.29, 99.86]	[0.01, 0.06]	[0.01, 0.03]
	2	[93.67, 99.17]	[94.91, 99.66]	[0.01, 0.05]	[0.01, 0.03]
	3	[94.36, 98.21]	[95.05, 99.59]	[0.01, 0.04]	[0.01, 0.03]
	4	[92.98, 96.97]	[95.67, 99.72]	[0.02, 0.04]	[0.01, 0.04]
	5	[93.26, 96.22]	[94.57, 99.79]	[0.01, 0.04]	[0.01, 0.04]
	6	[93.26, 96.70]	[95.74, 99.66]	[0.02, 0.05]	[0.01, 0.04]
	7	[92.64, 96.15]	[95.53, 99.72]	[0.02, 0.05]	[0.01, 0.03]
验证期	1	[92.88, 99.73]	[96.44, 100.00]	[0.01, 0.05]	[0.01, 0.03]
	2	[94.25, 99.45]	[93.97, 100.00]	[0.01, 0.05]	[0.01, 0.03]
	3	[92.33, 97.26]	[94.52, 100.00]	[0.01, 0.02]	[0.01, 0.04]
	4	[92.60, 96.16]	[93.42, 99.73]	[0.01, 0.06]	[0.01, 0.04]
	5	[91.78, 94.79]	[95.07, 100.00]	[0.01, 0.04]	[0.01, 0.04]
	6	[91.78, 94.79]	[95.07, 100.00]	[0.01, 0.04]	[0.01, 0.04]
	7	[90.68, 93.42]	[93.70, 99.73]	[0.00, 0.03]	[0.01, 0.03]
测试期	1	[90.83, 99.32]	[93.84, 99.73]	[0.03, 0.22]	[0.03, 0.15]
	2	[92.75, 97.95]	[94.25, 99.73]	[0.04, 0.26]	[0.03, 0.16]
	3	[92.48, 97.40]	[94.39, 99.73]	[0.05, 0.26]	[0.03, 0.15]
	4	[91.66, 95.35]	[94.39, 99.59]	[0.07, 0.28]	[0.04, 0.16]
	5	[90.70, 94.12]	[94.66, 99.45]	[0.07, 0.29]	[0.04, 0.15]
	6	[90.83, 93.98]	[93.43, 99.45]	[0.08, 0.29]	[0.05, 0.18]
	7	[89.88, 92.48]	[93.57, 99.45]	[0.08, 0.28]	[0.04, 0.16]

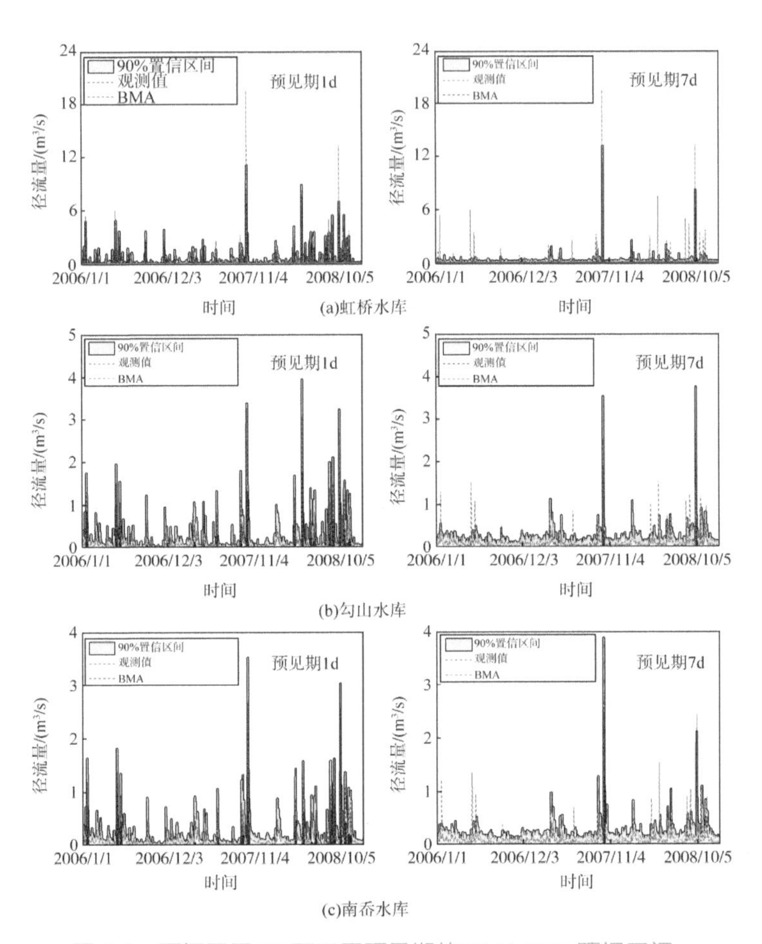

图 8-5　预报因子 S3 下不同预见期的 BMA 90% 预报区间

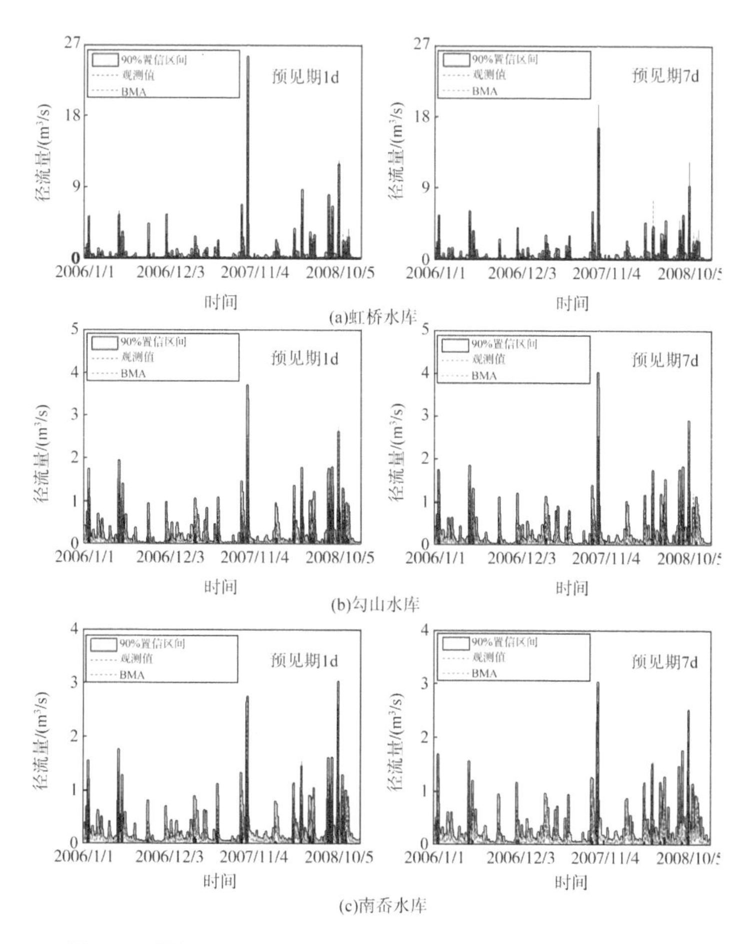

图 8-6　预报因子 S5 下不同预见期的 BMA 90% 预报区间

8.4.3　考虑径流不确定性的海岛地区复杂水库群联合优化调度

以岛北水厂供水缺水率、三厂合计供水缺水率为 x、y 轴，供水成本为颜色标记，绘制不同运行时段内帕累托解集三维图，如图 8-7 所示。由图可知，岛北水厂供水缺水率和三厂合计缺水率呈现负相关关系，说明不同水厂之间存在竞争关系。然而，净成本与缺水率之间没有明显的相关性。同时，对比不同时段内基于确定性和不确定性径流预报的优化配置结果可知，基于不确定性径流预报的优化调度分布更广泛。例如，对比图 8-7（a2）和（b2），基于确定性径流预报会出现缺水现象，然而部分解集缺水率 <0，即可以满足供水 100% 的要求。

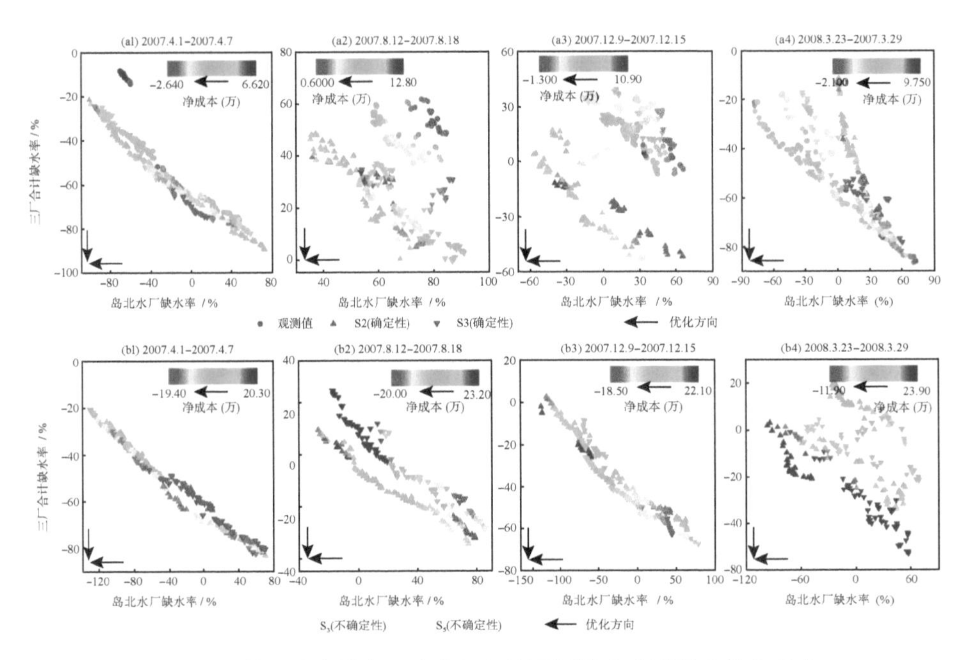

图 8-7 基于确定性和不确定性径流预测的水库群联合优化调度

（1）预报精度对水库群联合优化调度的影响分析

进一步，对不同时段内水库群联合优化调度结果进行年尺度整合，分析对比基于确定性和不确定性径流预测的配置结果，并选择实际入库径流作为基准对比。由表 8-4 可知，基于不确定性径流预报的调度结果，无论在净成本、供水保证率上均优于实测径流和确定性径流预报值，尤其是优于基于确定性的径流预报值，说明了本章提出的基于不确定性径流预报的水库群优化调度方法的有效性。同时，基于确定性和不确定性径流预测的预报因子 S5 调度结果均优于预报因子 S3，说明预报精度改善可以提高系统性能。

表 8-4 基于确定性和不确定性径流预测的水库群联合优化调度年尺度结果对比

输入		预见期/d	收益/万	成本/万	净成本/万	供水保证率/%	
						岛北水厂	三厂合计
观测		1	3228.38	3336.52	108.15	79.22	86.10
		7	2651.01	2822.95	171.94	71.31	75.94
确定性	S3	1	2597.17	2783.31	186.14	67.42	79.10
	S5	1	2735.64	2884.66	149.02	71.79	82.00
	S3	7	2159.05	2454.79	295.75	57.08	67.04
	S5	7	2371.45	2631.57	260.11	64.15	71.80
不确定性	S3	1	3788.08	3820.27	32.18	94.18	98.45
	S5	1	3805.98	3781.46	−24.52	94.42	98.38
	S3	7	3762.07	3884.75	122.68	93.64	98.28
	S5	7	3785.55	3835.29	49.75	94.99	98.46

同时，分析对比基于确定性和不确定性径流预测下不同季节的水厂供水保证率，结果如图 8-8 所示。基于确定性径流预测在季节性尺度上对应的系统性能指标仍然较基于不确定性径流预测差，尤其秋冬季相对比其他季节供水保证率较低，主要是因为季节需水量较高，但是水库来水量较小。然而，基于不确定性的径流预测基本能够实现供水保证率 100%。同时基于确定性和不确定性径流预测的预报因子 S3 调度结果均优于预报因子 S2，进一步说明预报精度改善可以提高系统性能。

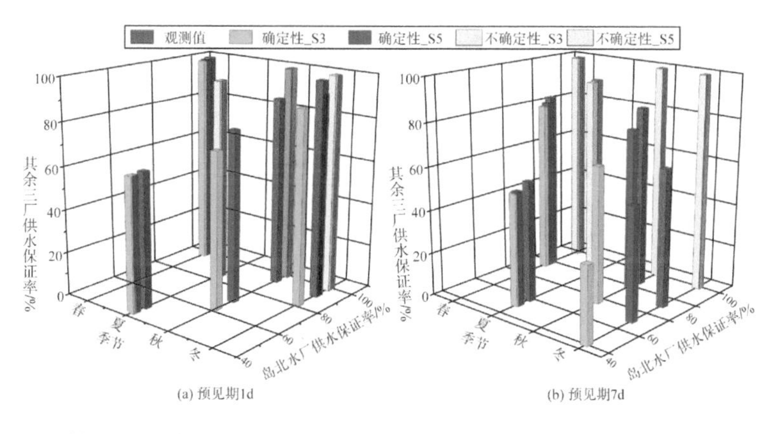

(a) 预见期1d　(b) 预见期7d

图 8-8 基于确定性和不确定性径流预测的水库群联合优化调度季节性结果对比

（2）预见期对水库群联合优化调度的影响分析

不同预见期下基于确定性和不确定性径流预测的优化配置年尺度结果对比情况如图 8-9 所示。整体上，预报因子 S3 配置结果在基于确定性和不确定性径流预测下均优于预报因子 S2。例如，基于确定性径流预报，预报因子 S3 可以分别提高岛北水厂和其余三厂的供水保证率 2.11%~13.58%、2.74%~7.38%，降低供水净成本 10.30%~19.94%；基于不确定性径流预报，预报因子 S3 可以分别提高岛北水厂和其余三厂的供水保证率 0.24%~1.90%、0.06%~1.32%，降低供水净成本 59.45%~176.19%。同时，基于不确定性径流预报能够较确定性径流预报分别提高岛北水厂和其余三厂的供水保证率 31.52%~65.01%、19.98%~46.60%，降低供水净成本 56.95%~116.45%，说明了本章提出的基于不确定性径流预报的水库群联合优化调度方法的有效性。

由图 8-9 可知，基于确定性径流预报，随着预见期的增加，供水保证率逐渐降低。这是由于预见期越长，调度时段越长，进而部分时段内的缺水量出现导致整个时段整体供水保证率降低。然而，基于不确定性径流预报，随着预见期的延长，供水保证率无明显变化。同时，随着调度时长的增加，不同配置下的供水成本均逐渐增加。以上说明水库群联合优化调度性能不仅与预见期和预报精度有关，而且与评估指标有关。

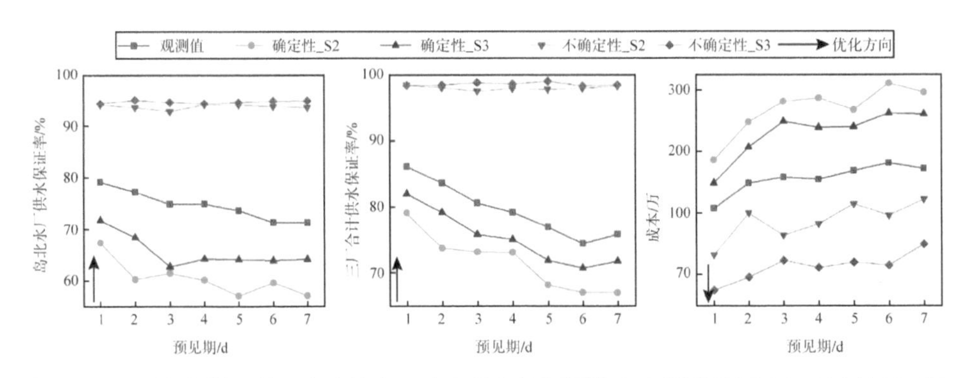

图 8-9　不同预见期下基于确定性和不确定性径流预测的水库群优化调度年尺度结果对比

8.5　本章小结

针对基于多种机器学习模型导致的水库群径流预报不确定性，本章以舟山海岛水库群作为研究对象，从基于多模型多因子的多源径流预报，提出考虑预报不确定性的复杂水库群调度决策生成方法，定量揭示预报精度和预见期对调度决策的影响机制三方面开展供水水库群的实时优化调度研究。本章主要结论总结如下。

1）对比 BMA 方法加权平均和单一模型预报值，BMA 方法加权平均预报值比单一模型的模拟效果好、模拟精度更高，说明 BMA 方法可以避免由模型结构带来的不确定性。采用覆盖度、平均偏移幅度评价不同预报因子组合的 BMA 预报区间的有效性，S5 对实测值的覆盖率优于 S3，且平均偏移幅度较小，对实测值的覆盖率能达到 99%。尤其是即使对于预见期 7d，预报因子 S5 也可以较好地覆盖实测径流序列，可说明耦合预报气象信息可以提高预报准确性。

2）构建考虑径流不确定性的海岛地区复杂水库群联合优化配置模型，基于 MORDM-DPS 方法对模型进行求解获取非劣帕累托调配方案解集合，发现基于不确定性径流预报较基于确定性预报的优化配置帕累托集合分布更广泛。同时岛北水厂供水缺水率和三厂合计缺水率呈现负相关关系，说明不同水厂对海岛和大陆水资源之间存在竞争关系。

3）对比基于确定性和不确定性径流预测的水库群联合优化调度年尺度和季节性结果，发现基于不确定性径流预报的调度结果无论净成本、供水保证率均优于实测径流和确定性径流预报值，说明基于不确定性预报的调度结果可指导舟山水库群供水决策。基于确定性和不确定性径流预测的预报因子 S5 配置结果均优于预报因子 S3，说明预报精度改善可以提高系统性能，而预见期延长并没有为舟山水库群联合优化调度提供有效信息。

第 9 章
考虑大陆和海岛不同来水条件组合的
水资源优化配置

受海岛地区水资源特性的影响，海岛水资源通常无法满足海岛自身需求，因此需从大陆进行引水以保证海岛的需水得以满足。但从大陆引水并不是无限制引水，当大陆水资源也处于较为紧缺的状态时，则无法向海岛供水。综上所述，分析海岛地区和大陆同时处于枯水状态时，如何通过水资源的优化配置，在调度期间内实现对水资源的高效利用，尽可能满足海岛的需水，这是非常重要且亟待解决的问题。本章首先基于确定大陆地区（以姚江为参考）和海岛地区（以长春岭水文站为参考）各自径流量的边缘分布函数，基于 Copula 函数建立联合分布进行丰枯遭遇分析，分别模拟大陆地区和海岛地区不同来水条件组合；其次，以“特枯—特枯”遭遇情景和“枯—枯”遭遇情景作为典型案例进行分析，即在不同的来水条件下，利用前述章节描述的多水源、多用水户、多目标的水资源优化配置模型（第 7 章）进行计算求解，优化之后得到供水方案，并对供水方案展开分析。

9.1 基于 Copula 函数的丰枯遭遇分析方法

9.1.1 Copula 函数原理

Copula 理论由 Sklar 在 1959 年提出[104]，它将一个 N 维联合分布函数分解为一个 Copula 函数和 N 个边缘分布函数分别处理，其形式灵活，构造简单，不要求单变量服从特定边缘分布，是求解多维非线性问题的重要方法[105]。应用Copula函数对径流丰枯的联合分布概率进行分析，主要为以下五个步骤：①确定边缘分布并进行参数估计；②选取和构造适当的Copula函数，用以描述随机变量的相关性；③ Copula函数的参数估计；④评价检验函数分布模型是否能够拟合变量的实际分布；⑤利用建立的Copula函数进行概率分析。

（1）边缘分布函数的确定

Copula函数作用为连接边缘分布函数，国内以P-Ⅲ（皮尔逊Ⅲ）型曲线使用较为广泛[106, 107]。为了提高联合分布概率精确性，在构建变量丰枯遭遇联合分布函数时，首先应确定各个径流服从的最优边缘分布，一般可选用P-Ⅲ型分布、广义极值型（generalized extreme value，GEV）分布、指数型（exponential，EXP）分布和正态型（normal）分布分别与经验频率分布拟合，通过最大似然法对变量参数进行估算。

单变量经验频率分布如下：

$$F(x)=P(x \le x_m)=(m-0.44)/(n+0.12) \tag{9-1}$$

式中，P为$x \le x_m$的概率，m为x_m由小到大的序号；n为样本总量。

P-Ⅲ分布概率密度函数为：

$$f(x)=\frac{\beta^{\alpha}}{\Gamma(\alpha)}(x-a_0)^{\alpha-1}e^{-\beta(x-a_0)} \tag{9-2}$$

式中，$\Gamma(\alpha)$为伽马函数；α、β、a_0对应皮尔逊Ⅲ型分布的形状、尺度、位置参数，且$\alpha>0$，$\beta>0$，其中$\alpha=4/C_s^2$，$\beta=(\bar{x}\times C_s\times C_v)/2$，$a_0=\bar{x}(1-2C_s/C_v)$，$C_s$为偏态系数，$C_v$是离差系数。

EXP分布概率密度函数为：

$$f(x)=\beta e^{-\beta(x-\mu)} \tag{9-3}$$

式中，x为统计数值，$\beta>0$为表示离散程度的尺度参数，μ为位置参数。

GEV分布概率密度函数为：

$$f(x)=\begin{cases}\dfrac{1}{\sigma}\exp\left\{-(1+kz)^{-1/k}\right\}(1+kz)^{(-1/k)-1} & k\neq 0\\ \dfrac{1}{\sigma}\exp\left\{-z-\exp(-z)\right\}\left[1+k(\dfrac{x-\mu}{\sigma})\right] & k=0\end{cases} \tag{9-4}$$

式中，k 为形状参数，σ 为尺度参数，μ 为位置参数，$Z=(x-\mu)/\sigma$，其中，当 $k=0$ 为极值Ⅰ型分布，$k<0$ 为极值Ⅱ型分布，$k>0$ 为极值Ⅲ型分布。

正态型分布概率密度函数为：

$$f(x)=\frac{1}{\sqrt{2\pi}\sigma x}\exp\left[-\frac{(x-\mu)^2}{2\sigma^2}\right] \tag{9-5}$$

式中，σ 为均方差，反映序列离散程度，若 σ 越大，则对应密度曲线整体越贴近 x 轴；μ 为位置参数。

为检验最优概率分布模型，以赤池信息量准则（Akaike information criterion，AIC）与均方根误差（RMSE）指标筛选最优拟合分布。当某种边缘分布同时满足 AIC 与 RMSE 值最小时，则该分布作为最优分布。RMSE 与 AIC 检验公式如下[106]。

AIC 表达式为：

$$\mathrm{AIC}=n\ln\left(\frac{RSS}{n}\right)+2k \tag{9-6}$$

式中，RSS 为模型拟合后的残差平方和，如式所示，n 为样本长度，k 为模型参数的个数。AIC 值越小，分布函数的拟合程度越好。其中 RSS 如下式所示。

$$RSS=\sum_{i=1}^{n}(Pe_i-P_i)^2 \tag{9-7}$$

式中，Pe_i 为经验频率，如下式所示；P_i 为理论频率。

$$Pe(x_i,y_i)=P(X\le x_i,Y\le y_i)=\frac{\sum_{m=1}^{i}\sum_{k=1}^{i}a_{m,k}}{n+1} \tag{9-8}$$

式中，$a_{m,k}$ 为理论观测值小于 (x_i,y_i) 的个数；n 为观测样本总数。

$$\mathrm{RMSE}=\sqrt{\frac{1}{n}\left[f(x_i)-y_i\right]^2} \tag{9-9}$$

式中，$f(x_i)$ 为理论值；y_i 为经验值。RMSE 值越小，说明拟合程度越好。

（2）Copula 函数的确定

Copula 函数作为连接边缘分布的多维函数，其多维联合分布函数定义域为 $[0,1]$。设两变量边缘分布函数分别为 $F(x_1)$，$F(x_2)$，可令 $u=F(x_1)$，

$v=F(x_2)$，则一定存在二维 Copula 函数使 $C\left[F\left(x_1\right),F(x_2)\right]=F(x_1,x_2)$，当边缘分布函数为连续函数，则有唯一 Copula 函数 [108]。

Copula 函数类型可分为椭圆型、二次型和阿基米德型三类 [109]。阿基米德型 Copula 函数族多为对称型函数，具有较高的代表性，能很好地描述多变量联合结果，其中，阿基米德型 Copula 函数因其具有结构简单、适应性强的特点，在水文领域得到了广泛的应用 [110]。因此选用 Gumbel-Hougaard Copula[111]、Clayton Copula[112]、Gaussian Copula[113] 和 t-Copula[114] 建立联合分布模型，其函数结构如下。

Gumbel-Hougaard Copula：

$$C(u,v)=\exp\left\{-\left[(-\ln u)^{\theta}+(-\ln v)^{1/\theta}\right]\right\}\qquad \theta\in\left[1,\infty\right) \tag{9-10}$$

Clayton Copula:

$$C(u,v)=(u^{-\theta}+v^{-\theta}-1)^{1/\theta}\quad \theta\in\left(0,\infty\right) \tag{9-11}$$

Gaussian Copula：

$$\int_{-\infty}^{\Phi^{-1}(u)}\int_{-\infty}^{\Phi^{-1}(v)}\frac{1}{2\pi\sqrt{1-\alpha^2}}\exp\left[-\frac{s^2-2\alpha st+t^2}{2\left(1-\alpha^2\right)}\right]\mathrm{dsdt} \tag{9-12}$$

t-Copula:

$$\int_{-\infty}^{t_k^{-1}}\int_{-\infty}^{t_k^{-1}}\frac{1}{2\pi\sqrt{1-\alpha^2}}\exp\left[1+\frac{s^2-2\alpha st+t^2}{k\left(1-\alpha^2\right)}\right]^{-(k+2)/2}\mathrm{dsdt} \tag{9-13}$$

式中，u，v 为边缘分布函数，$u_1=F(x_1)$，$u_2=F(x_2)$；θ 为 Copula 函数的参数。

（3）Copula 函数参数估计

对二维 Copula 函数参数估计，采用极大似然法对 Copula 函数的参数进行估算。若随机变量 $X_1,X_2,\ldots,X_n$ 的联合分布表示为 $C\left(F_{X_1}\left(X_1\right),F_{X_2}\left(X_2\right),\ldots,F_n\left(X_n\right)\right)$，$u_1=F_{X_1}\left(X_1\right),u_2=F_{X_2}\left(X_2\right),\ldots,u_n=F_{X_n}\left(X_n\right)$，$\theta$ 为 Copula 函数的参数，在 $\left(u_1,u_2,\ldots,u_n\right)$ 的样本空间上，极大似然函数为：

$$L\left(\theta\right)=\prod_{i=1}^{n}c\left(u_{i1},u_{i2},\ldots,u_{in};\theta\right) \tag{9-14}$$

$$c\left(u_{i1},u_{i2},\ldots,u_{in};\theta\right)=\frac{\partial^{n}C\left(u_{i1},u_{i2},\ldots,u_{in};\theta\right)}{\partial u_{1}\partial u_{2},\ldots,\partial u_{n}} \tag{9-15}$$

式中，$c\left(u_{i1},u_{i2},\ldots,u_{in};\theta\right)$ 为 n 维 Copula 函数的密度函数。

上式两边取对数，则有：

$$\ln\left[L(\theta)\right]=\sum_{i=1}^{n}\ln\left[c\left(u_{i1},u_{i2},\ldots,u_{in};\theta\right)\right] \tag{9-16}$$

当上式取得最大值时，必须满足关于参数 θ 的偏导数为 0，即

$$\frac{\partial\ln\left[L(\theta)\right]}{\partial\theta}=0 \tag{9-17}$$

（4）Copula 函数的拟合优度评价

为了检验 Copula 函数拟合的准确性，需以二维累积频率和经验频率作对比，检验两种频率一致性[115]。令变量 x 序列为 X，变量 y 序列为 Y，按升序排列，由下式得到二维联合变量的经验频率值。

$$F(x_i,y_i)=P(X\le x_i,Y\le y_i)=(\sum_{g=1}^{i}\sum_{k=1}^{i}N_{g,k}-0.44)/(N+0.12) \tag{9-18}$$

式中，P 为 $X\le x_i$，$Y\le y_i$ 的两变量联合概率值；$N_{g,k}$ 为 $X\le x_i$，$Y\le y_i$ 的观测数量；N 为二维联合样本序列长度。

（5）联合概率分析

根据联合分布函数计算多变量遭遇概率，依据不同组合下概率分析径流遭遇可能性，为水资源优化配置提供参考依据。

9.1.2　基于二维 Copula 函数的丰枯遭遇分析方法

二维 Copula 函数在水文分析中的应用已较为成熟，构造二维 Copula 函数进行两两丰枯遭遇分析，有以下几个步骤。

（1）拟合边缘分布函数。

要构造 Copula 函数，首先需要确定不同变量的边缘分布函数[116]。目前在水文中应用较为广泛的概率分布函数有皮尔逊Ⅲ型分布、指数分布、广义极值分布、正态分布和对数正态分布等。

（2）边缘分布函数的优选。

应用水文频率分析法，拟合得到各个水库来水的不同边缘分布函数后，采用 AIC 最小准则法和均方根误差准则评价确定最优的边缘分布 [117]。

（3）拟合 Copula 函数。

设甲水库来水为 $X=\{x_1,x_2,\ldots,x_n\}$，乙水库来水为 $Y=\{y_1,y_2,\ldots,y_n\}$，其边缘分布为 $F_x(x)$ 和 $F_y(y)$，其联合分布为 $F(x,y)$，则存在唯一的 Copula 函数，使得：

$$F(x,y)=C_\theta\left(F_x(x),F_y(y)\right)=C_\theta(u_1,u_2),\forall x,y \tag{9-19}$$

（4）参数估计与拟合优度检验。

参数估计采用相关性指标法，即根据二维 Copula 函数的参数 θ 与两变量间的肯德尔 τ 之间的关系来计算参数 θ。肯德尔 τ 的计算方法如下式所示：

$$\tau=\frac{2}{n(n-1)}\sum_{1\le i<j\le n}\text{sign}\left[(x_i-x_j)(y_i-y_j)\right] \tag{9-20}$$

式中，$\{(x_i,y_i)\},i=1,2,\ldots,n$ 为样本值；$\{(x_j,y_j)\},j=1,2,\ldots,n$ 为理论值；sign 为符号函数；n 为样本容量。

（5）丰枯遭遇概率计算。

我国丰枯等级划分相对应的频率为 $P_f=37.5\%$ 和 $P_k=62.5\%$ [118]，设 P_f 频率对应的水量为 X_{pf}、P_k 频率对应的水量为 X_{pk}，则 $X_i\ge X_{pf}$ 为丰水、$X_i\le X_{pk}$ 为枯水、$X_{pk}<X_i<X_{pf}$ 为平水，其中 X_i 为第 i 年的来水量。设两个水库来水量分别为 X、Y，其边缘函数分别为 u、v，则 $P=(X<x,Y<y)=F(u,v)=C(u,v)$，而 $P=(Y>y)=1-P(Y<y)$，那么可推导出：

① X 和 Y 同丰（丰—丰型）的概率为：

$$P\left(X>X_{pf},Y>Y_{pf}\right)=1-u_{pf}-v_{pf}+C\left(u_{pf},v_{pf}\right) \tag{9-21}$$

② X 和 Y 同平（平—平型）的概率为：

$$\begin{aligned}&P\left(X_{pk}<X<X_{pf},Y_{pk}<Y<Y_{pf}\right)\\&=C(u_{pf},v_{pf})-C(u_{pk},v_{pf})-C(u_{pf},v_{pk})+C(u_{pk},v_{pk})\end{aligned} \tag{9-22}$$

③ X 和 Y 同枯（枯—枯型）的概率为：

$$P\left(X < X_{pk}, Y < Y_{pk}\right) = C(u_{pk}, v_{pk}) \tag{9-23}$$

④ X 丰 Y 平（丰—平型）的概率为：

$$P\left(X > X_{pf}, Y_{pk} < Y < Y_{pf}\right) = v_{pf} - v_{pk} + C(u_{pf}, v_{pk}) - C(u_{pf}, v_{pf}) \tag{9-24}$$

⑤ X 平 Y 丰（平—丰型）的概率为：

$$P\left(X_{pk} < X < X_{pf}, Y > Y_{pf}\right) = u_{pf} - u_{pk} + C(u_{pk}, v_{pf}) - C(u_{pf}, v_{pf}) \tag{9-25}$$

⑥ X 丰 Y 枯（丰—枯型）的概率为：

$$P\left(X > X_{pf}, Y < Y_{pk}\right) = v_{pk} - C(u_{pf}, v_{pk}) \tag{9-26}$$

⑦ X 枯 Y 丰（枯—丰型）的概率为：

$$P\left(X < X_{pk}, Y > Y_{pf}\right) = u_{pk} - C(u_{pk}, v_{pf}) \tag{9-27}$$

⑧ X 平 Y 枯（平—枯型）的概率为：

$$P\left(X_{pk} < X < X_{pf}, Y < Y_{pk}\right) = C(u_{pf}, v_{pk}) - C(u_{pk}, v_{pk}) \tag{9-28}$$

⑨ X 枯 Y 平（枯—平型）的概率为：

$$P\left(X < X_{pk}, Y_{pk} < Y < Y_{pf}\right) = C(u_{pk}, v_{pf}) - C(u_{pk}, v_{pk}) \tag{9-29}$$

九种丰枯遭遇组合中，丰—丰型、平—平型、枯—枯型为丰枯同步，其他为丰枯异步。

9.2　研究实验方案设计

舟山大陆引水工程相关文件规定“按照浙东引水配置完成后的水位，姚江水位高于 0.73m（相应吴淞高程 2.6m），可以引水”。因此，若姚江水位低于 2.6m，则无法向舟山海岛供水。依据历史数据资料，拟合得到姚江的水位—流量曲线，经过换算可知当姚江流量低于 16m^3/s 时，应暂停向舟山海岛供水。

考虑到在姚江径流量与长春岭水文站的径流量处于枯水年时，即按照我国丰枯等级划分相对应的频率为 $P_k = 62.5\%$ 时，虽然姚江（大陆）处于枯水时期，但仍可满足向舟山海岛供水的基本需求，为探讨海岛地区水资源优化调度模型的有效性，应考虑更枯情况下的跨流域引水和海岛水资源的调配。因此本研究以“特枯—特枯”“枯—枯”情景下的优化配置作为实例进行计算分析，即姚江（大陆）和长春岭水文站（舟山海岛）均处于特枯（$P_{tk} = 95\%$）或枯（$P_k = 62.5\%$）的情景下如何进行水资源优化配置。在枯水情景下，大陆引水在一年内仅有 2 个月无法实现供水；但在特枯情景下，大陆引水受到极大的限制（一年内近 6 个月无法实现供水），如何通过优化配置模型更好地协调大陆和海岛的联合供水，具有非常重要的意义。

基于第 7 章中提出的考虑大陆引水的海岛地区复杂水工程群优化配置模型，对舟山海岛和姚江（大陆）处于“特枯—特枯”和“枯—枯”遭遇情景时，分别进行水资源优化配置实例计算。水库群多目标调度决策作为一个多维的、非线性的、连续的多目标决策问题，采用 NSGA-Ⅱ 算法对模型进行求解，在全局范围内搜索最优解；对得到的非劣解集进行分析，采用 AHP-熵权法主客观组合赋权的多属性决策方法确定各方案的优劣，以协助确定不同配置方案适合的应用场景，为决策者提供科学参考依据。

9.3 结果与分析

9.3.1 “海岛—大陆”丰枯遭遇分析结果

为研究“海岛—大陆”的丰枯遭遇，本研究以舟山大陆引水工程为研究对象，选择姚江的日径流量和长春岭水文站的日径流量分别代表大陆地区和海岛地区的流量情况，分析两者之间的相关性，并构建姚江日径流量和长春岭水文站日径流量的 Copula 函数，进一步分析联合分布概率，进行丰枯遭遇分析。

9.3.1.1 边缘分布函数拟合

在拟合姚江径流量—长春岭径流量的 Copula 函数之前，应先进行相关性分析。本研究采用肯德尔相关性分析方法[119]，初步确定两者之间的关联程度。若相关系数较低，甚至接近 0，则说明两个变量之间的关联性较低，没必要进行 Copula 函数的拟合。经计算，姚江径流量—长春岭径流量之间的相关系数为 0.61，并且通过显著性检验，说明两者具有一定的关联性，可以且有必要通过拟合 Copula 函数进一步分析两者的关系。

要进行丰枯遭遇分析，应先确定姚江和长春岭水文站各自径流量的边缘分布函数。常用的边缘分布有很多种，例如皮尔逊Ⅲ型曲线、极值分布、指数分布、正态分布等，但不是所有的边缘分布都符合姚江径流量和长春岭径流量的变化规律，因此应用合适的准则来对不同的边缘分布进行优选。

本章分别以姚江断面和长春岭水文站的日径流数据（1966—2000 年）为单一变量，分析其分布情况，得到最优的拟合边缘分布函数。拟合度检验如表 9-1 和表 9-2 所示。在 95% 置信度水平下，边缘分布通过了假设检验（$p \geq 0.98$），两者的累积概率分布曲线如图 9-1 所示。

表 9-1　姚江日径流量边缘分布拟合结果

边缘分布函数	AIC	BIC	p
Gev	−259.22	−254.55	1.00
P-Ⅲ	−250.62	−245.96	1.00
Weibull	258.89	262.00	1.00
NORM	260.94	264.05	1.00
Logis	262.46	265.57	1.00

表 9-2　长春岭水文站日径流量边缘分布拟合结果

边缘分布函数	AIC	BIC	p
P-Ⅲ	−233.92	−229.26	1.00
Gamma	−153.36	−150.25	1.00
Logis	−151.18	−148.07	1.00
Invgauss	−232.99	−229.88	0.98
Gumbel	−226.39	−223.28	0.98

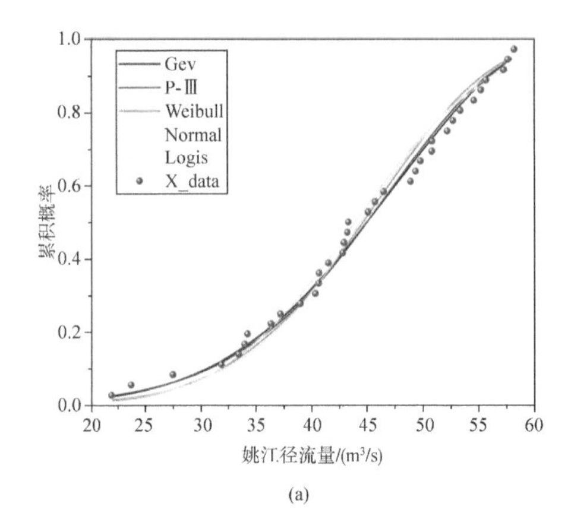

(a)

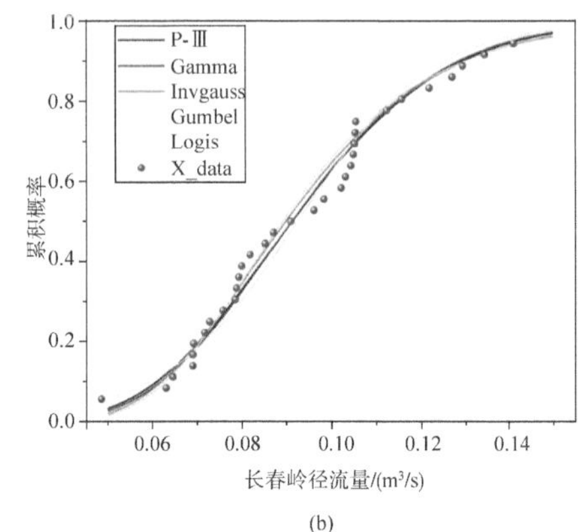

(b)

图 9-1 两站点径流量分布累积概率分布曲线

对比不同分布函数的拟合度检验结果，选择 AIC、BIC 数值均最小的分布函数作为参数，因此姚江径流量的边缘分布服从极值分布，对于长春岭水文站日径流边缘分布服从皮尔逊Ⅲ型分布两站点边缘分布函数的参数可得如表 9-3 所示。

表 9-3 日径流量优选边缘分布函数的参数

站点	边缘分布	形状参数	位置参数	尺度参数
姚江	GEV	−0.48	41.44	10.61
长春岭	P-Ⅲ	0.54	0.03	0.09

9.3.1.2 Copula 联合分布函数的确定

本研究选用“Gaussian”“Clayton”“Gumbel”和“t”函数构建姚江日径流量和长春岭水文站日流量的二维联合分布模型，拟合优度评价结果如表 9-4 所示。由表可知，对于姚江日径流量和长春岭水文站日流量的二维联合分布模型，Clayton Copula 函数的 AIC 值和 BIC 值最小，表明 Clayton Copula 函数拟合优度最好。

表 9-4　不同 Copula 函数的拟合优度评价指标及参数

指标	Gaussian	Clayton	Gumbel	t
AIC	−29.74	−44.50	−39.30	−29.95
BIC	−28.18	−42.95	−37.75	−26.84
LogLik	15.87	23.25	20.65	16.97

分别将姚江日径流量和长春岭水文站的径流量带入优选的二维联合分布Copula 函数中，得到结果如下，联合分布密度函数和频率函数如图 9-2 所示。由图可知，当姚江径流量和长春岭水文站流量都增大时，其联合分布概率值均呈增大的趋势。从图 9-2 中可以看出，姚江和长春岭径流量的联合分布具有一定的对称性，同时，两者径流量的联合分布还具有较强的尾部相关性，说明当一方为枯时，另一方也为枯的可能性与其他情况相比较大。依据得到不同丰枯遭遇下的联合分布概率密度，例如，大陆和海岛地区“丰—丰” $C\left(u_{pf},v_{pf}\right)$、“丰—枯” $C\left(u_{pf},v_{pk}\right)$，以及“枯—枯” $C\left(u_{pk},v_{pk}\right)$ 遭遇下联合分布概率分别是 0.5225、0.3590 和 0.3044。

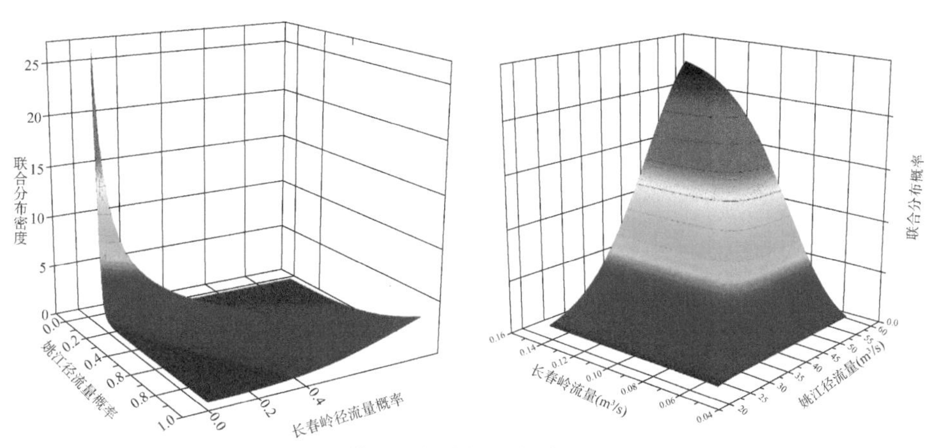

图 9-2　姚江—长春岭日径流量联合分布

9.3.1.3　丰枯遭遇分析

基于优选的 Copula 函数建立姚江日径流量和长春岭水文站的日流量的二维联合分布模型，得到联合分布概率 $P\left(X \le x, Y \le y\right)$。根据二维丰枯联合风险概率计算公式计算姚江径流量和长春岭水文站径流量间的丰枯遭遇风险概率，如表 9-5 所示。

表 9-5　姚江—长春岭丰枯遭遇频率

丰枯遭遇频率		长春岭		
		丰	平	枯
姚江	丰	0.27	0.09	0.02
	平	0.09	0.11	0.05
	枯	0.02	0.05	0.30

根据计算所得数据，丰枯同步的频率为 68.57%，丰枯异步的频率为 31.43%，比同步小 37.14%，说明两水库来水全年互补性较差，需要着重考虑如何进行水资源的最优化调配。

九种丰枯遭遇类型中，枯—枯型频率最大为 30.44%，此时两者径流量均最少，缺水风险较大，应考虑如何调配两者的水资源，做到低成本、高效益。

丰—丰型频率次之，为 27.25%，此时两者径流量均为最大值，需考虑如何充分利用来水，以提高水资源利用效率，并考虑采取一定的措施储备一定量的水资源，以备不时之需；平—平型频率为 10.89%，此时两者的水资源均能满足基本的生产生活需求，可进行相对常规的水资源调度分配。

枯—丰型和丰—枯型频率均为 1.60%，两者径流情况为一少一多，多的一方在满足自身需求的条件下，可根据情况调度一部分水资源给少的一方，以满足基本生产生活需要。

丰—平型和平—丰型均为 8.65%，两者水资源情况为一多一足，此时双方均能满足基本生产生活需要，此时可根据需求和经济效益，多的一方可以调度一部分水资源给平的一方，以帮助平的一方完成具有较高收益的生产目标。

平—枯型和枯—平型的频率均为 5.46%，两者水资源情况为一平一少，少的一方没法满足自身基本生产生活需要，此时需要平的一方进行内部用水比例重分配，分出一部分水资源给少的一方，同时少的一方也需要进行内部用水比例重分配，尽量先满足某一特定需求。

9.3.2　优化配置结果及对比分析

9.3.2.1　“特枯—特枯”情景下水资源优化配置结果

（1）优化配置方案分析

本研究采用 NSGA-Ⅱ算法对优化配置模型进行求解，经过不断迭代得到帕累托前沿。以岛北水厂供水保证率、三厂合计供水保证率、供水成本为 x、y、z 轴，供水后水厂余蓄量为颜色标记，绘制帕累托解集四维图，如图 9-3 所示。为进一步分析帕累托前沿上特性的变化趋势，对三维坐标下的数据点进行二维投影。以岛北水厂、三厂合计供水保证率为 x、y 轴，颜色标记表示供水成本。当四个水厂的供水保证率均趋于 100% 时，供水成本有着明显的上升趋势；而当成本维持在较低水平时，相应的岛北水厂和三厂合计的供水保证率也都处于较低水平。

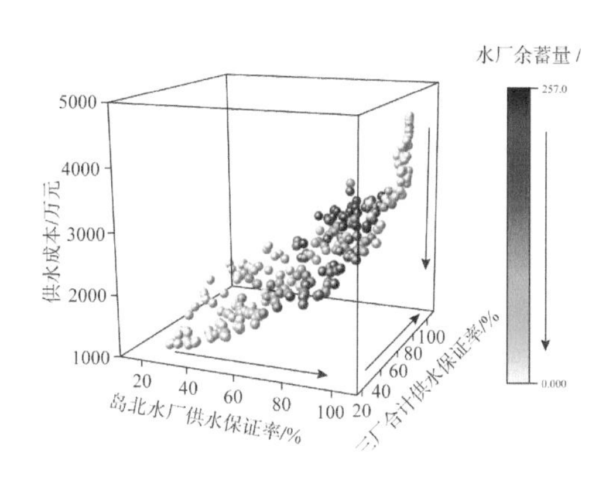

图 9-3　水资源优化配置结果帕累托解集分布示意

以岛北水厂、三厂合计供水保证率分别为 x、y 轴，颜色标记表示供水成本，如图 9-4（a）所示。由图可知，随着岛北水厂与三厂合计供水保证率的提升，成本也在逐步增加，而当四个水厂的供水保证率均趋于 100% 时，成本也达到了最高（4044~4060 万元）。以岛北水厂供水保证率、供水成本为 x、y 轴，颜色标记表示水厂余蓄量，如图 9-4（b）所示。由图可知，水厂余蓄量随着岛北水厂供水保证率与供水成本的提高呈现先增加后减少的趋势，这是因为在供水保证率 ≤ 80% 时，随着供水保证率与供水成本的提升，水厂自身的需水量会出现波动，有时会出现水厂自身需水量较低的情况，导致水厂余蓄量的增加；而随着保证率逐渐接近 100% 时，水库向水厂输送的绝大部分水量均供给用水户，因此水厂余蓄量呈减少趋势。同时还可以发现，供水保证率和供水成本之间呈指数相关关系：在供水保证率较低时（<95%），随着保证率的提升，供水成本呈低速提升；而一旦保证率达到 95% 之后再要提升，供水成本就会迅速从 3200 万元左右增加到 4500 万元左右。因为在供水成本较低时，海岛与大陆供水还未达到饱和，其中海岛供水占较大比重，较小成本的增加就会使供水保证率有较大幅度提升；而当供水保证率达到 95% 后，海岛与大陆供水基本饱和，要想继续提升供水保证率就要增加昂贵的大陆供水比例，导致供水成本迅速增加。

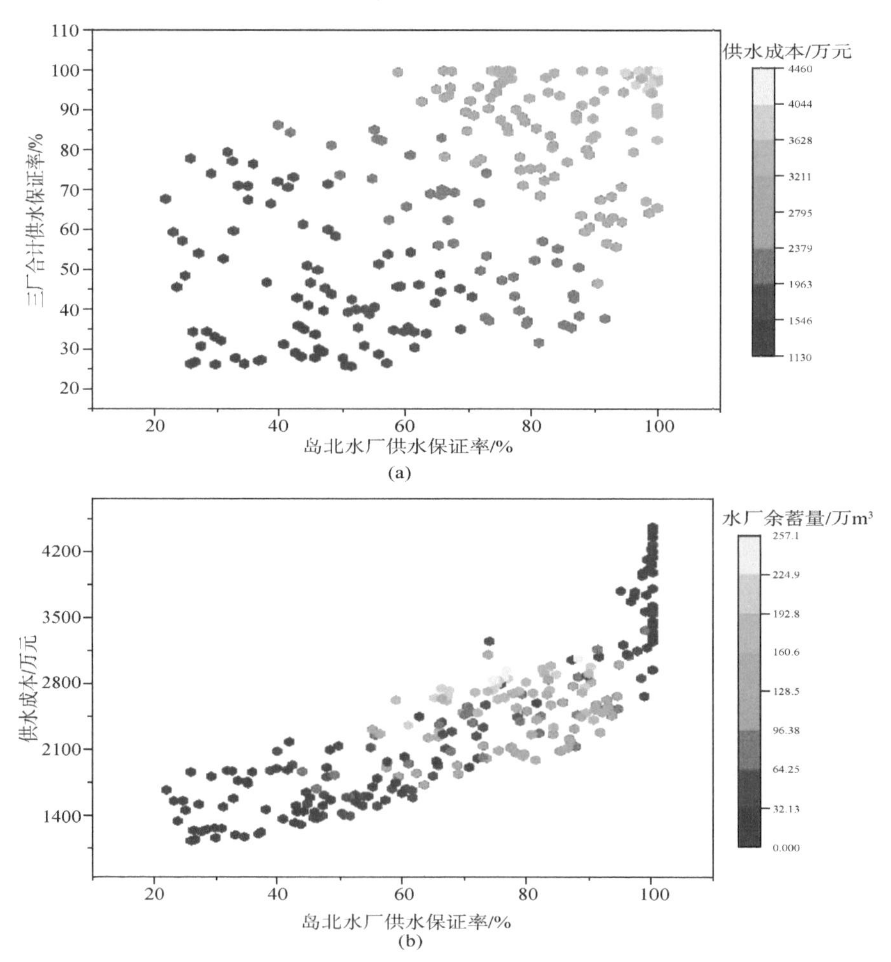

图 9-4　水资源优化配置结果二维投影

将经过优化后得到的供水方案，依托舟山海岛的水力关系，计算海岛总供水量和大陆引水总量，进而计算得到对应的海岛供水比例、大陆引水比例和总的供水保证率。将数据结果绘制成箱型图并进行分析，如图 9-5 所示，海岛供水大部分分布在 [63.78%，94.33%]，中位值为 81.94%；大陆供水大部分分布在 [5.67%，36.22%]，中位值为 18.06%；而总供水保证率全部分布在 [26.21%，107.30%]，中位值为 70.12%。说明在“特枯—特枯”遭遇的情况下，通过水资源优化配置模型的计算，仍然可以实现较高的供水保证率。但通过图中数据点的颜色变化可以看出：随着供水保证率不断增大，供水成本也随之增加；且当大陆的供水比例不断增大时，供水成本也呈上升趋势；反之，当海岛的供水比例不断增大时，供水成本则呈下降趋势。这进一步说明了如果能够在满足供水保证率的前提下尽可能地调用海岛水资源，可以有效降低供水成本。

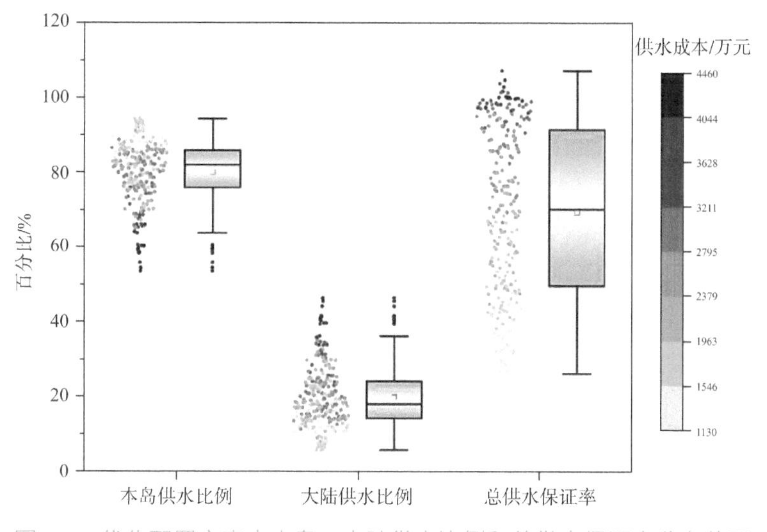

图 9-5 优化配置方案中本岛、大陆供水比例和总供水保证率分布范围

（2）多属性决策结果及方案分析

以模型中的四个目标函数值（岛北水厂供水保证率、三厂合计供水保证率、成本和水厂余蓄量）作为多属性决策中的评判指标。首先对解集进行初步筛选（供水保证率为 80% 以上），再对各解集中的数据进行预处理实现归一化后，采用熵权法获得各指标的离散程度，评判其在综合评价中的影响。计算各指标的客观权重值如图 9-6 所示。

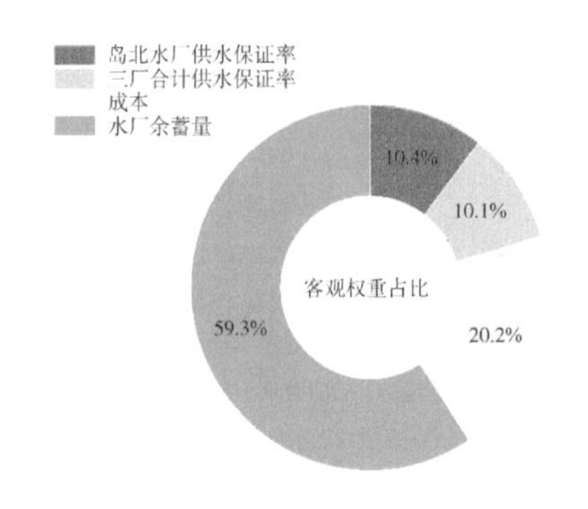

图 9-6　四个关键评价指标的客观权重占比

按照以下五种决策偏好设定枯水年对应的五种主观权重矩阵。S1 为优先考虑整体供水保证率最大化；S2 为优先考虑岛北水厂供水保证率最大化；S3 为优先考虑三厂合计供水保证率最大化；S4 为优先考虑成本最低；S5 为均衡考虑供水保证率和成本最优化。根据权重矩阵推算出四个指标主观权重分布如图 9-7（a）所示。由图可知，S1、S2、S3 的岛北水厂与三厂合计的供水保证率指标权重占比相当大，而成本差别不大；S4 中的成本指标则占较大权重；S5 中各指标所占权重值则为相对均衡状态。相比于主观权重，在客观权重中不难发现，岛北水厂、三厂合计供水保证率两个指标的客观权重占比基本一致，成本则为它们的两倍，而水厂余蓄量的客观权重几乎占据 60%，这说明水厂余蓄量的数据分布离散，对综合评价的结果影响更大。设定组合系数 $\lambda=2/3$ 对主客观权重进行线性加权，结果如图 9-7（b）所示，线性加权后余蓄量的占比明显上升，其他指标的权重比例保持不变，占比减小。

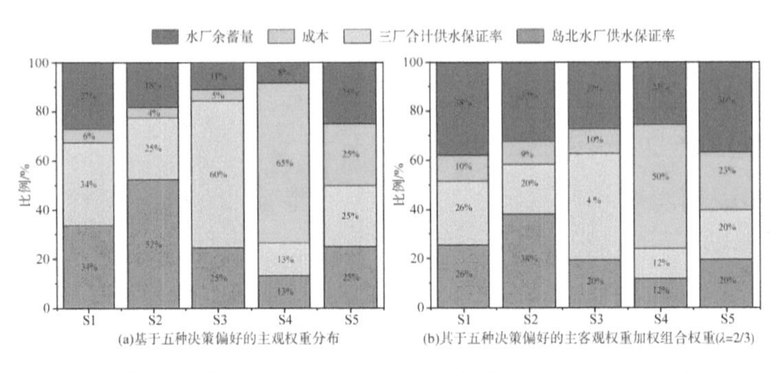

图 9-7　基于五种决策偏好的主观权重分布和主客观权重加权组合权重（$\lambda=2/3$）

将优化配置结果按照五种不同的偏好类型确定主观权重，再结合客观权重值进行线性加权平均，获得各指标的最终权重值。依据权重值得到不同情况下的优选方案，各方案的指标值如图 9-8 所示。在特枯—特枯的情况下，S1 方案虽然最大化了整体供水保证率（趋近于 100%），但海岛供水比例与大陆供水比例相近，导致成本支出为五种方案中的最高，因此在实际情况下（优先考虑成本最优化），S1 方案不会被优先考虑，但仍是看重整体供水保证率时的候选解；而 S2 方案和 S3 方案分别侧重岛北水厂与三厂合计供水保证率的最优化，导致成本支出 S1>S3>S2（海岛供水成本低于大陆供水），因此在特定情况下可以作为优先考虑供水保证率与成本的对 S1 方案的替换解；S4 方案优先考虑成本最优化，可以作为资金极度缺乏时的最优候选解，但同时也降低了供水保证率；而 S5 方案中各项指标处于同等重要水平，因此可以适用于大部分情况，尤其是供水保证率要求不高且供水资金不充足的情况。

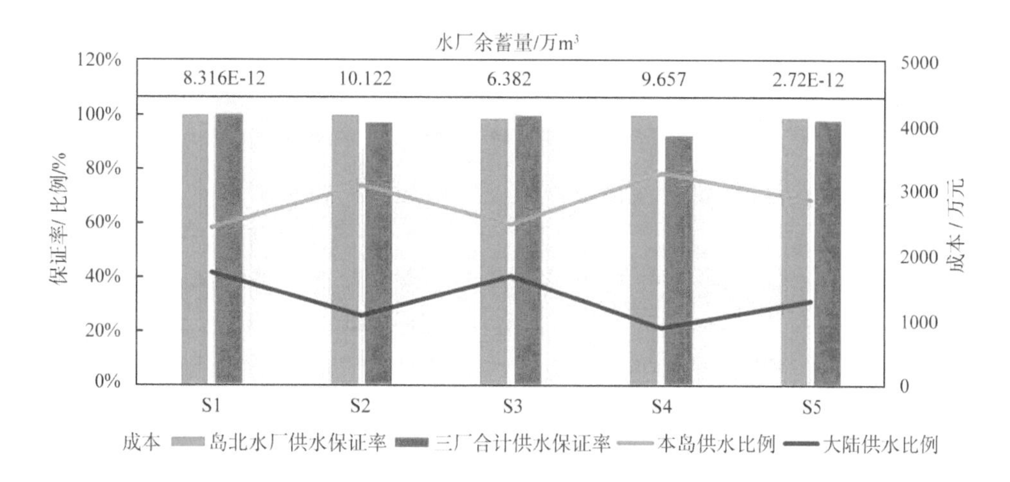

图 9-8　基于五种不同权重类型下的最优方案的指标参数对比

9.3.2.2 “枯—枯”情景下水资源优化配置结果

（1）优化配置方案分析

经过不断迭代搜寻最优解得到帕累托前沿。以岛北水厂供水保证率、三厂合计供水保证率、供水成本为 x、y、z 轴，供水后水厂余蓄量为颜色标记，绘制帕累托解集四维图，如图 9-9 所示。为进一步分析帕累托前沿上特性的变化趋势，对三维坐标下的数据点进行二维投影。以岛北水厂、三厂合计供水保证率为 x、y 轴，颜色标记表示供水成本。当四个水厂的供水保证率均趋于 100% 时，供水成本有着明显的上升趋势；而当成本维持在较低水平时，相应地岛北水厂和三厂合计的供水保证率也都处于较低水平。

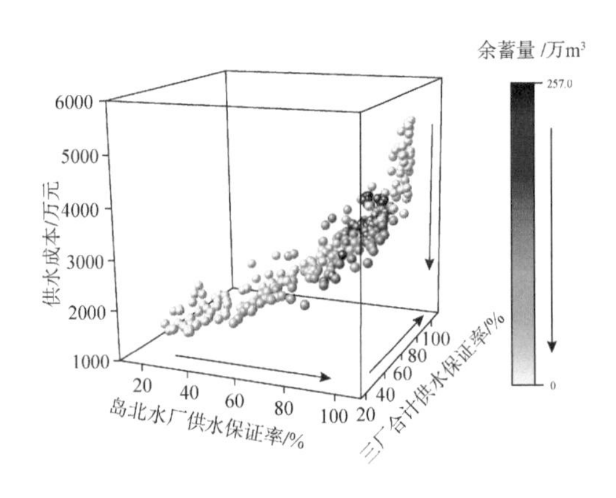

图 9-9　水资源优化配置结果帕累托解集四维分布

以岛北水厂、三厂合计供水保证率分别为 x、y 轴，颜色标记表示供水成本，如图 9-10（a）所示。由图可知，随着岛北水厂与三厂合计供水保证率的提升，成本也在逐步增加，而当四个水厂的供水保证率均趋于 100% 时，成本也达到了最高（4800~5189 万元）。以岛北水厂供水保证率、供水成本为 x、y 轴，颜色标记表示水厂余蓄量，如图 9-10（b）所示，由图可知，水厂余蓄量随着岛北水厂供水保证率与供水成本的提高呈现先增加后下降的趋势，这是因为在供水保证率 ≤80% 时，随着供水保证率与供水成本的提升，水厂自身的需水量会出现波动，所以有时会出现水厂自身需水量较低的情况，导致水厂余蓄量的增加；而随着保证率逐渐接近 100%，水库向水厂输送的绝大部分水量均供给用水户，因此水厂余蓄量呈下降趋势。同时，供水保证率和供水成本之间呈指数相关关系：在供水保证率较低时（<95%），随着保证率的提升，供水成本呈低速提升；而一旦保证率到达 95% 之后再要提升，供水成本就会迅速从 3500 万元左右增加到 4900 万元左右。因为在供水成本较低时，海岛与大陆供水还未达到饱和，其中海岛供水占较大比重，少数成本的增加就会使供水保证率有较大幅度的提升；而当供水保证率

达到 95% 后，海岛与大陆供水基本饱和，要想继续提升供水保证率就要增加昂贵的大陆供水比例，导致供水成本迅速增加。

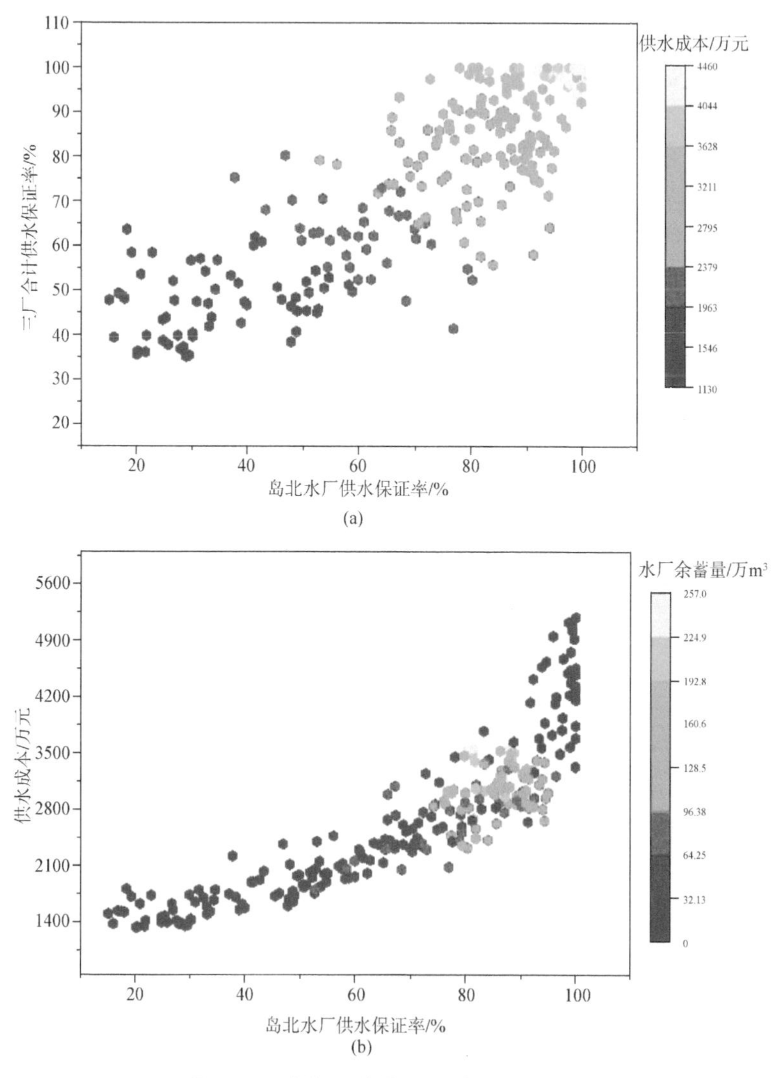

图 9-10 水资源优化配置结果二维投影

将经过优化后得到的供水方案，依托舟山海岛的水力关系，计算海岛总供水量和大陆引水总量，进而计算得到对应的海岛供水比例、大陆引水比例和总的供水保证率。将数据结果绘制成箱型图并进行分析，如图 9-11 所示。海岛供水比例大多分布在 [46.53%，70.10%]，中位值为 60.11%；大陆供水

比例大多分布在 [7.15%，18.78%]，中位值为 15.69%；而总供水保证率大多分布在 [55.63%，91.63%]，中位值为 79.86%。说明在“枯—枯”遭遇的情况下，通过水资源配置模型的计算，仍然可以实现较高的供水保证率，且供水保证率相对比“特枯—特枯”情景要高，这是因为在枯水水平年下，大陆引水还未因缺水而受到很大影响，因此可以基本满足海岛的需水。但通过图中的数据点的颜色变化可以看出，随着供水保证率不断增大，供水成本也随之增加；且大陆的供水比例不断增大，供水成本也呈上升趋势；反之，当海岛的供水比例不断增大时，供水成本则呈下降趋势。这进一步说明了如果能够在满足供水保证率的前提下，尽可能地调用海岛水资源，则可以有效降低供水成本。

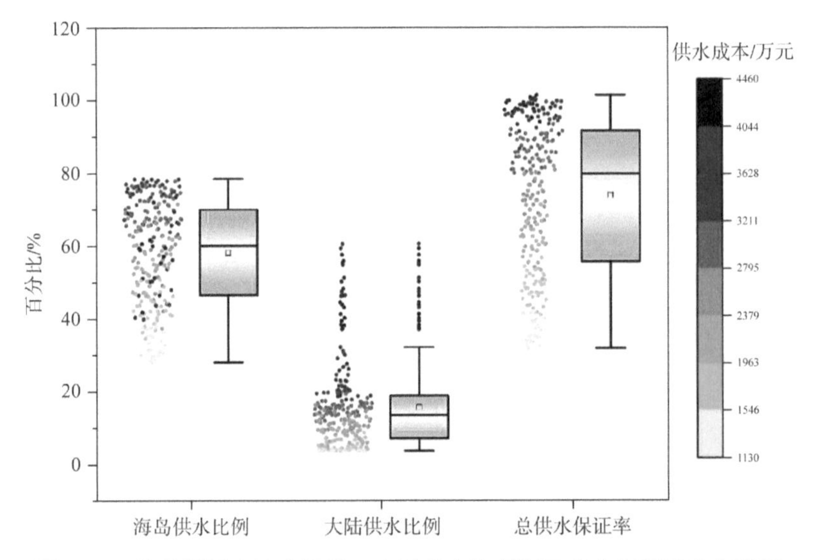

图 9-11　优化配置方案中海岛、大陆供水比例以及供水保证率分布范围

（2）多属性决策结果及方案分析

以模型中的四个目标函数值（岛北水厂供水保证率、三厂合计供水保证率、成本和水厂余蓄量）作为多属性决策中的评判指标。首先对解集进行初步筛选（供水保证率 80% 以上），再对各解集中的数据进行预处理并实现归一化后，采用熵权法获得各指标的离散程度，评判其在综合评价中的影响。计算各指标的客观权重值如图 9-12 所示。

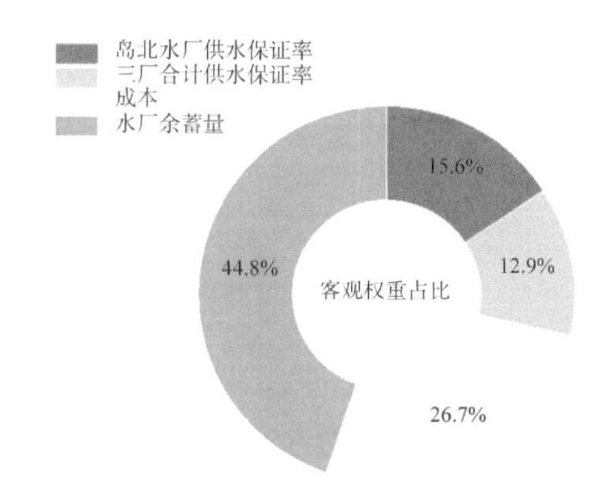

图 9-12　四个关键评价指标的客观权重占比

同样按照“特枯—特枯”情景下设置五种决策偏好，根据权重矩阵推算出四个指标主观权重分布如图 9-13（a）所示。由图可知，S1、S2、S3 的岛北水厂与三厂合计的供水保证率指标权重占比相当大，而成本差别不大；S4 中的成本指标则占较大权重；S5 中各指标所占权重值则为相对均衡状态。相比于主观权重，从客观权重中不难发现，岛北水厂、三厂合计供水保证率两个指标的客观权重占比基本一致，分别是 13% 和 15%，成本则几乎为它们的两倍，而水厂余蓄量的客观权重占据 45%，这说明水厂余蓄量的数据分布离散，对综合评价的结果影响更大。设定组合系数 $\lambda=2/3$ 对主客观权重进行线性加权，结果由图 9-13（b）可知，线性加权后水厂余蓄量的占比明显上升，其他指标的权重比例保持不变，占比减少。

将优化配置结果按照五种不同的偏好类型确定主观权重，再结合客观权重值进行线性加权平均，获得各指标的最终权重值。依据权重值得到不同情况下的优选方案，各方案的指标值如图 9-14 所示。在枯—枯的情况下，S1 方案虽然最大化了整体供水保证率（趋近于 100%），但海岛供水比例与大陆供水比例相近，导致成本支出为五种方案中最高，因此在实际情况下（优先考虑成本最优化），不会优先考虑 S1 方案，但 S1 方案仍是看重整体供水保证率时的候选解；而 S2 方案和 S3 方案分别侧重岛北水厂与三厂合计供水保证率的最优化，导致成本支出 S1>S3>S2（海岛供水成本低于大陆供水），因此在特定情况下可以作为优先考虑供水保证率与成本的对 S1 方案的替换解；S4 方案优先考虑成本最优化，可以作为资金极度缺乏时的最优候选解，但同时也降低了供水保证率；而 S5 方案对各项指标同样看重，因此可以适用于大部分情况，尤其是供水保证率要求不高且供水资金不充足的情况下。

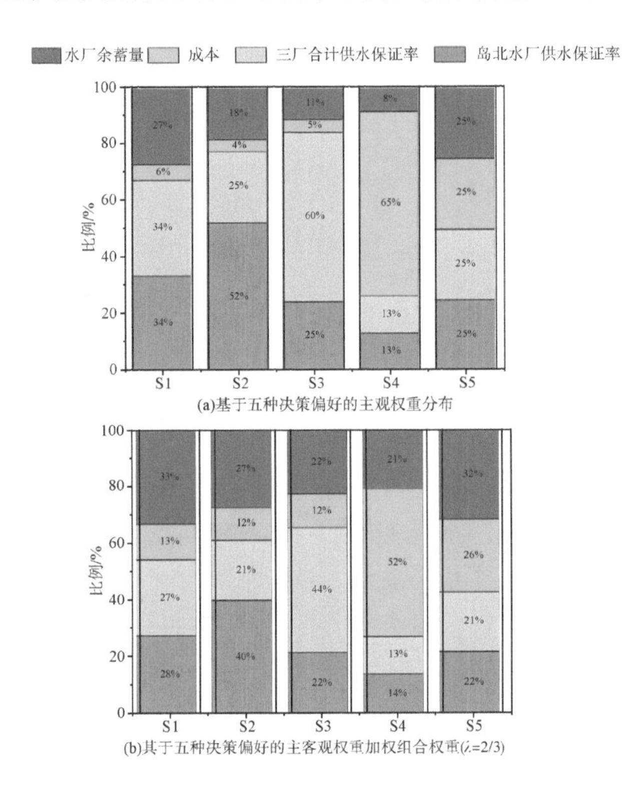

图 9-13　基于五种决策偏好的主观权重分布和主客观权重加权组合权重（$\lambda=2/3$）

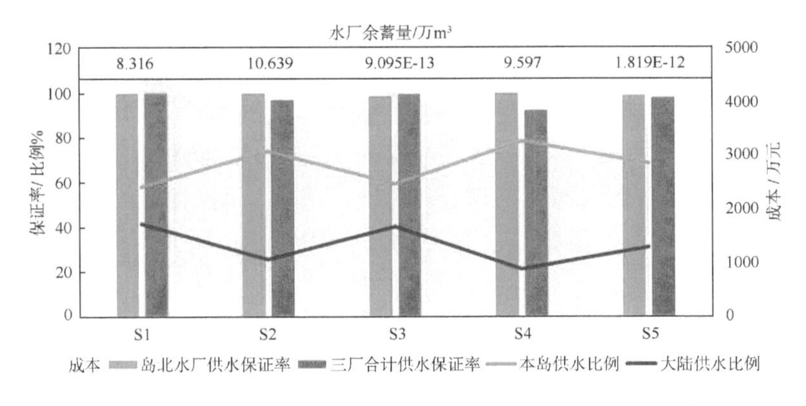

图 9-14　基于 5 种不同权重类型下的最优方案的指标参数对比

不同来水条件下的优化配置结果对比如下。

将两种不同来水条件下（“枯—枯”和“特枯—特枯”）的优化配置结果进行对比。对比结果如图 9-15 所示。由图可知，在“枯—枯”情景下，海岛供水的占比相对较低，均值在 69.18%，但在“特枯—特枯”情景下，海岛供水的平均占比在 80.13%；在大陆供水比例方面，“枯—枯”情景下的供水比例相较于“特枯—特枯”情景下的分布范围更广，说明大陆拥有更多的供水能力，这也进一步证实了在“特枯—特枯”情景下，大陆引水受到了极大的限制。相较于“特枯—特枯”情景下的供水保证率，“枯—枯”情景下的供水保证率略有提升，均值可达到 71.72%，比“特枯—特枯”情景下的 69.52% 提升了 2.2%。以上的对比结果说明了在“枯—枯”情景下，相对没有“特枯—特枯”情景下缺水，因此可以适当增大对大陆引水的利用程度，保存海岛水资源，预防未来的持续干旱。但是当面对“特枯—特枯”情景时，由于大陆和海岛均已处于极度缺水的情况，大陆引水受到限制，需要充分调用海岛和大陆的水源共同进行供水，以满足海岛的需水，因此海岛供水的比例相对占比更大。

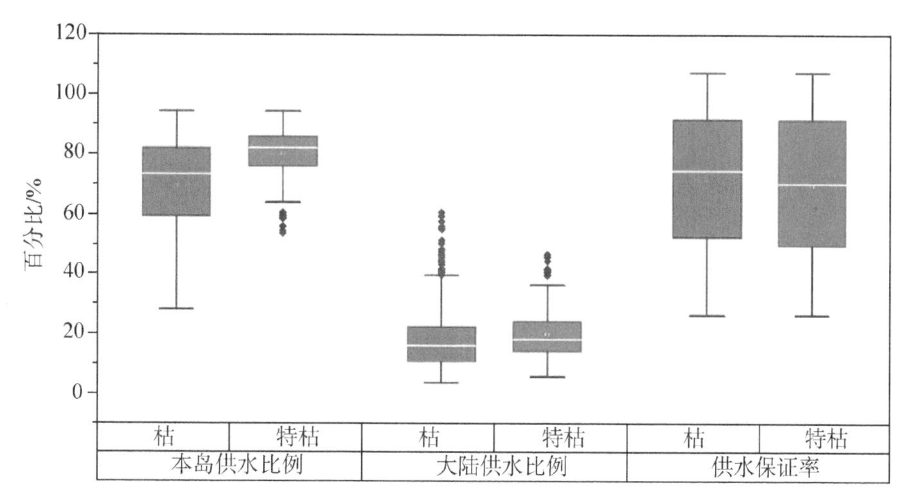

图 9-15 两种情景下（“枯—枯”和“特枯—特枯”）的海岛供水比例、大陆供水比例以及供水保证率的对比

9.4 本章小结

本章基于海岛地区可能面临的多水源丰枯遭遇的实际情况展开研究，首先确定大陆地区（以姚江为参考）和海岛地区（以长春岭水文站为参考）各自径流量的边缘分布函数，基于 Copula 函数建立联合分布进行丰枯遭遇分析，分别模拟大陆地区和海岛地区不同来水条件组合；进一步，以“特枯—特枯”遭遇情景和“枯—枯”遭遇情景作为典型案例进行分析，即在不同的来水条件下，利用多水源、多用水户、多目标的水资源优化配置模型进行计算求解，优化之后得到供水方案，并对供水方案展开分析。本章的主要结论总结如下。

1）在遭遇“特枯—特枯”情景时，大陆一年内有近一半的时间无法向海岛供水，但分析全年的供水保证率数据可知，在经过优化调度后，可通过对年内 12 个月的水资源的合理调配，实现较高的供水保证率，同时根据不同的决策偏好，可以筛选出不同的供水方案，以满足不同的供水需求（如尽可能保证供水，或尽可能降低供水成本等）；在“枯—枯”情景下，大陆一年内有 2 个月无法向海岛供水，大部分的时间仍然可以进行引水。

2）较于“特枯—特枯”情景，遭遇“枯—枯”的情景时由于在没有达到非常干旱程度之前，由此可以通过适当提高大陆引水的供水比例，保护海岛水资源，预防未来可能发生的持续性干旱，以此实现水资源优化配置，导致“枯—枯”的情景的供水成本处于更高水平。但是在面临极度干旱的情况，即遭遇“特枯—特枯”情景时，需要同时调动海岛和大陆的水资源进行供水，以保障海岛地区的用水。

第 10 章
海岛地区水资源智慧调度决策系统

本章依托大数据、互联网、人工智能等新时代技术手段，设计研发耦合水雨情监测预测、水资源联合优化调度等一体化的智慧管理平台，分析水资源决策系统对舟山海岛地区在社会、经济和生态方面的效益。现阶段，舟山海岛地区水资源智慧调度决策系统已经应用于水资源调度相关机构，并取得了良好的社会效益和经济效益。系统建成以来运行稳定，预报精度高，调度结果可靠，为舟山海岛地区水资源优化配置起到了决策支持作用。

10.1　系统实施平台

10.1.1　系统平台概述

舟山海岛地区水资源智慧调度决策系统主要结合舟山地区的历史水文气象数据、实时物联网数据进行水文预报，综合考虑舟山地区实际情况和地区的水文状况进行水厂需供水量预测，建立日尺度、周尺度、年尺度的水资源调配优化配置模型，综合海岛水资源保证率、社会经济效益，实现舟山海岛水利工程系统和天然河道不同时间尺度的水资源配置方案的输出，以及各项综合费用的输出。

调度系统的总中心为水务集团指挥中心，其余按照地区分为宁波李溪渡分中心、定海马目分中心、岛北大沙分中心、定海虹桥分中心、普陀展茅分中心和普陀山分中心。舟山水务调度信息化管理系统主要分为生产监控和调度决策两个大方面，舟山水务调度信息化管理系统的生产运行监控包括了水库、自来水厂、原水泵站、污水厂，以及排水泵站，运行监控的主要内容为岛北水厂、定海水厂、临城水厂、平阳浦水厂的累计流量监控，原水泵站的各压力监控，以及各个水库的原水供水情况的监控。

10.1.2 软件设计思路

1）支持访问各类的数据源，可同时连接多个异构数据源进行数据分析和报表展现，包括各种文件，如 XML、Excel 等，支持各种常见的关系数据库，如 Oracle、SQL Server、Sybase、DB2、MySQL 等，可通过 JDBC、ODBC 标准方式进行数据源连接。

2）服务器端可跨平台部署、跨 Web Servers 部署，支持各种常见的操作系统，如 Aix 系列、Solaris 系列、Windows 系列、Linux 系列等；部署模块可独立运行，也可被集成到已有的系统中；支持性能优化，支持服务器访问并发数控制。

3）支持各种主流的应用服务器，如 Weblogic、WebSphere、Tomcat、JBoss 等。

4）系统应提供集中式的安全控制机制。支持系统统一权限管理，即采用认证、授权管理方式，不单独存储用户等权限信息，支持 LDAP 认证、Windows AD/ 域认证、接口认证、数据库认证等主流认证方式。

5）除 IT 人员的业务建模外，业务用户全部操作（报表设计、分析、查询、系统管理等操作）均直接通过纯浏览器方式进行。客户端支持 IE、Firefox 等浏览器。

6）支持集群部署与缓存同步，继承应用服务器的集群特性，报表工具应支持动态扩展，在服务器之间自动进行报表作业的负载均衡，如果某台服务器出现故障，其报表应用可被其他服务器替代执行。

7）提供管理控制台，作为数据展现服务的后台管理应用，可提供友好的 web 图形界面进行报表服务器参数配置，数据源管理，报表性能优化和服务器日志分析等使用。

10.1.3 软平台开发设计

平台设计是针对 Linux 操作系统开发的一款信息化管理工具，因此系统应具备 Linux 环境。同时由于本平台的开发采用 Python 语言，所以系统应安装 Python 语言和一些与本模型相关的类库，如 keras 包、Flask 框架等。并运用 RPC 框架实现分布式通信设计，采用 B/S 构架通过浏览器得到 Web 调度信息化管理系统库控制面板，利用 Ajax 技术将面板信息实时刷新。

（1）B/S 架构

浏览器 / 服务器体系结构（Browser/Server，B/S）架构是指浏览器和服务器结构。它是随着网络技术的发展而对 C/S 架构的一种改进。在这种结构下，用户不需要再使用 C/S 架构的定制客户端，工作界面只需要通过客户端浏览器就可以实现。浏览器通过 TCP/IP 协议，发送 HTTP 请求与 Web 服务器进行数据交互，然后将信息展现在用户面前，这极大地减轻了客户端的系统负荷。由于 B/S 架构是以网页的形式实现数据交互的，所以它不会受到操作系统的限制，是跨平台的。而且随着软件的改进和升级变得愈发频繁，当企业或个人对部署的服务进行屡次改进或升级时，只需要针对服务器，而所有的客户都是浏览器，可以说实现了客户端的零维护，不但提升了管理效率，而且节省了巨大的开销，使用和扩展起来也非常容易。不仅如此，B/S 架构的大量使用还推动了 Ajax 技术的发展，实现了浏览器端页面的局部实时刷新。

（2）Python 开发技术

Python 作为一种解释性的脚本语言，可以被 Linux、Windows 等多种操作系统和平台所支持。它是一种高层语言，使用它可以无须关注很多底层的细节。它支持像 C 语言等其他一些语言编写的模块嵌入进来，完成功能上的扩展。同时，它还提供了对内存碎片的自动管理，可以使系统能够更有效地利用内存资源。

对于本平台开发来说，Python 可以支持 XML 技术，并提供上百种的 Web 框架，选择 Python 进行 Web 应用的开发不仅效率高，而且运行速度非常快。它提供的丰富库资源可以协助完成 HTML、单元测试等任务。同时它在系统管理任务的处理方面也相当高效，这也是本系统平台采用 Python 语言进行开发的一个原因。

（3）WSGI 接口

Web 服务器网关接口（Python web server gateway interface, WSGI）是为 Python 语言定义的 Web 服务器和 Web 应用程序或框架之间的一种简单而通用的 Web 服务器网关接口，已被广泛接受，并基本达成它在移植性方面的目标。它是基于现存的 CGI 标准而设计的，兼容本平台开发所采用的 Flask 框架。它将 Web 组件一共分成了三类。分别为 Web Server（服务器）、Web Middleware（中间件）与 Web App（应用程序）。

WSGI 逻辑上可分为两个部分：一部分为“服务器”或“网关”，另一部分为“应用程序”或“应用框架”。当服务器在处理一个 WSGI 请求时，会为应用程序提供环境内容和一个回调函数（callback function）。当应用程序完成处理请求后，通过回调函数，将结果再传给服务器。

WSGI 服务器是指符合 WSGI 规范的各种 Web 服务器。服务器接收到请求，然后将一系列环境变量封装起来，根据 WSGI 规范去调用 WSGI 应用程序，再通过客户端将回应返回给用户。

（4）Ajax 技术

Ajax 技术是一种 Web 应用的浏览器技术，它可以使浏览器与服务器之间信息的交互性变得更快更强。它本身并不是一种单一的技术，而是集多种交互式网页应用相关技术的结合体。其中主要包括的关键技术有 JavaScript、DOM、XML 和 XMLHttpRequest。Ajax 技术采用异步数据传输的方式，从而避免了整个网页都参与对服务器的 HTTP 请求中，而只需要请求一部分需要更新的信息。Ajax 技术通过使用 XMLHttpRequest 对象与服务器直接进行数据通信，而不需要重载整个页面就能完成对网页信息更新的实时获取。

（5）JQuery 框架

JQuery 框架是一个免费开源的轻量级 JavaScript 库，侧重于 Dom 编程，可以兼容多种浏览器。它能够使用户的 html 页面保持代码和内容上的分离，这样一来，用户只需要定义每一个对象的 id 即可，而不再需要在 html 里面插入一堆 JavaScript 代码来调用相关命令。JQuery 框架对于本设计主要有以下一些特征：首先是能够进行快捷的 Ajax 技术请求和回调操作。其次是支持多种浏览器与 CSS 的选择符，可以很轻松地定位或选择一个 html 元素。

最后，JQuery 框架内部封装了很多事件，因此对于用户界面的逻辑设计和代码编写来说非常方便，可以很容易地在页面中添加和绑定事件，避免了编码中出现大量的 html 对象属性，使得 html 与 js、CSS 分离开，提高了可维护性。

10.2 系统主要功能

舟山海岛地区水资源智慧调度决策系统是以实测雨水情、工情为基本输入，以预报和调度模型为核心，建立在网络环境下具有高安全性的调度信息化管理系统。该系统功能包括计算服务子系统、参数管理子系统、调度管理子系统、基础信息服务子系统、用户管理子系统；按照支撑体系结构划分，系统结构包括数据库、模型库、中间件、信息服务层及用户管理层。与调度决策相关的主要功能包括：①水雨情监测；②可供水量预报；③需水量预报；④水资源优化配置。

10.2.1 水雨情监测

系统设置水雨情监测系统用于远程监测水位、降雨量等实时数据。同时支持远程图像监控，为防汛指挥调度提供了准确、及时的现场信息，从而使可能受灾区域能够及时采取措施，减少人员和财产损失。水雨情监测系统由平台管理中心和遥测站（自动雨量站、自动水位站、图像视频站等）组成。遥测站主要监测各个地区的实时水位、降雨量、现场图像等数据信息，并将这些数据信息上传至平台管理中心。平台管理中心通过水雨情监测预警平台，接收并处理由遥测站发出的数据，根据需求向决策者发布预警决策信息。同时，系统可通过 Web、移动端、短信等方式快速发布相关水雨情或预警信息。

水雨情监测系统的数据采集器和通讯器采用一体化设计，使得在运行中可以更稳定；采用模块化的操作系统，更容易上手。除此之外，水雨情监测系统的数据采集器和通讯器可在标准温度之上进行工作，支持远程、键盘、串口三种配置方式，前置通讯器可实现自动参数配置、历史信息查询，远程控制等功能，如图 10-1 所示。

图 10-1　水雨情监测站

10.2.2　可供水量预报模型

舟山海岛可供水量预报模型涉及 27 个水库，系统涉及短期日尺度的可供水量预报和未来 1~7d 的可供水量，以及中长期未来一年的总可供水量和年内 12 个月可供水量。

短期可供水量预报应选择 BP 神经网络模型和 LSTM 神经网络模型两类智能模型，直接通过计算水库降水和水库水位之间的物理关系，通过库容曲线直接预报得出水库可供水量；中长期可供水量预报应选择时间序列模型、概念性模型和水文典型年分析方法相结合的思路进行中长期可供水量预报。并且采用降雨、径流数据对 ABCD 模型参数进行率定，其他水库模型参数按照流域属性特征进行参数移置获取，而后得到年、月可供水量。

10.2.3 需水量预报模型

需水量预报模型是为了对舟山海岛定海水厂、临城水厂、平阳浦水厂和岛北水厂四个水厂的水量进行预测，分别包括短期预报和中长期预报。

（1）短期预报

对于短期需水量预报，系统中利用综合相关分析和时间序列分析，通过分别比较回归模型、自回归（autoregressive，AR）模型和自回归积分滑动平均（autoregressive integrated moving average，ARIMA）模型，考虑自身的数据参数的回归分析，采用季节性 AR 模型[117]，进行短期需水量日尺度预报，并且利用该模型分别进行定海、临城、平阳浦三厂合计，以及岛北水厂未来 1~7d 的需水量预报。其中：AR 模型是统计中一种处理时间序列的方法，由线性回归发展而来，利用自身序列特性进行预测，在工程实践中被广泛应用；季节性 AR 模型在季节性预测、月尺度预测中广泛应用，对于受季节波动影响的周期性数据的拟合与预测具有较好的效果。季节性 AR 模型在 AR 模型的基础上引入周期性变量，以进一步表征周期性波动对序列的影响。根据舟山各水厂日用水数据，构建模型如下：

$$Q_t = \alpha_1 Q_{t-1} + \alpha_2 Q_{t-s} \tag{10-1}$$

式中，Q_t 为预测日供水量，单位为 m^3；Q_{t-1} 为前一日供水量，单位为 m^3；Q_{t-s} 为预测日一周前的日供水量，周期 $s = 7d$；α_1，α_2 为相应系数，由数据资料回归分析获得。经过试验，该模型可以较好地结合前一日的数据进行预测，同时考虑了每周双休日、工作日交替的周期性影响，该模型在短期内表现出较好的预测结果。

（2）中长期预报

对于中长期需水量预报，考虑时间序列分析中的自相关性、偏相关性、周期性、趋势性。需水序列曲线整体上呈现较好的季节性和年周期性，故利用季节性 ARIMA 模型[120]对定海、临城、平阳浦三厂合计，以及岛北水厂未来月需水量预报。ARIMA 建模预测方法是通过对已有的时间序列通过差分处理转换为平稳序列，再将变量中的滞后值和随机误差进行回归处理并得到结果的方法。构造出 ARIMA（p, d, q）：

$$\varphi\left[(L^{-1})(1-L^{-1})^{d}x(t)\right]=\theta(L^{-1})\varepsilon(t) \tag{10-2}$$

式中，L^{-1}为单位滞后因子，$\varepsilon(t)$表示高斯白噪声，该白噪声均值等于零，方差值等于σ^2，$x(t)$代表已知信号，d表示序列差分次数。除了上述有趋势的时间序列之外，还有很多实际问题带有周期现象，因此 ARIMA 模型又被推广到带季节性的 ARIMA 模型，阶数为$(p,d,q)\times(P,D,Q)$的季节性模型，模型简记为 ARIMA $(p,d,q)\times(P,D,Q)$。

10.2.4 水资源优化配置模型

水资源优化配置模型基于水量平衡原则，根据舟山海岛范围的内水库、河道、水厂和泵站各工程要素其内部关联和水力关系（如水库通过泵站抽水、自流或者虹吸等方式向水厂供水、水资源的运输通过管道运输，河道的水量通过泵站的运输进入水库或者水厂等）将各个水资源系统进行节点概化，构建水资源优化配置模型。

水资源优化配置模型根据获得的来水蓄水实况和供需水预报，进行日、周、月、年四个时间尺度优化配置方案的输出。根据调度周期可分为短期调度（日尺度调度）和中长期调度，水资源优化配置模型采用智能算法和物联网数据相结合。短期调度（日尺度调度）以水库实时水位作为数据输入，通过读取实时的水位数据来进行短期的优化调度；中长期调度（周、月、年尺度）则根据对未来的径流预报结果进行中长期的优化调度。并且在系统运行中，以日尺度为基础，根据供水情况，可以对周、月、年调度方案进行智能修订并实时矫正。

10.3　系统实现

10.3.1　系统综合数据库

气象数据方面的数据库中包含每日的降水数据，滚动更新状态下的历史七日降水数据和未来七天降水数据预报，日气温数据，日蒸发数据等；利用传感器件测量，用于保证系统的必要数据包括泵站运行流量数据，水库实时水位数据等；更多的监测数据包含水质监测数据、管道监测数据等用于保证安全性；包含城市基建的参数如水库高程、管道长度，泵站功率等；根据系统分析得出的可供水量数据、需水量数据、水资源优化调度方案输出，以及各项支出收入细则等。

10.3.2　可供水量预报查询

可供水量预报查询分为短期可供水量预报和中长期可供水量预报。短期可供水量预报呈现的数据为日尺度的可供水量数据（水量），中长期可供水量预报呈现的数据为 1~7d 的可供水量数据（水量），以及 1~12 个月的可供水量数据（水量）。供水量的预报以 2020 年为例，界面如图 10-2 所示。

10.3.3　需水量预报查询

需水量预报查询分为短期需水量预报和中长期需水量预报。短期可供水量预报呈现的数据为日尺度的定海、临城、平阳浦三厂合计及岛北水厂的需水量数据，中长期可供水量预报呈现的数据为 1~7d 的定海、临城、平阳浦三厂合计及岛北水厂的需水量数据，以及 1~12 个月的定海、临城、平阳浦三厂合计及岛北水厂的需水量数据。需水量的预报以 2020 年为例，界面如图 10-3 所示。

10.3.4 水资源优化配置方案管理与查询

水资源优化配置方案管理与查询分为短期水资源优化配置方案和中长期水资源优化配置方案。短期水资源优化配置方案包括27个水库的供水量数据的输出，中长期可供水量预报呈现的数据为1~7d，27个水库的供水量数据的输出，以及1~12个月27个水库的供水量数据的输出。水资源日调度和年调度的方案输出样式分别如图10-4和图10-5所示。

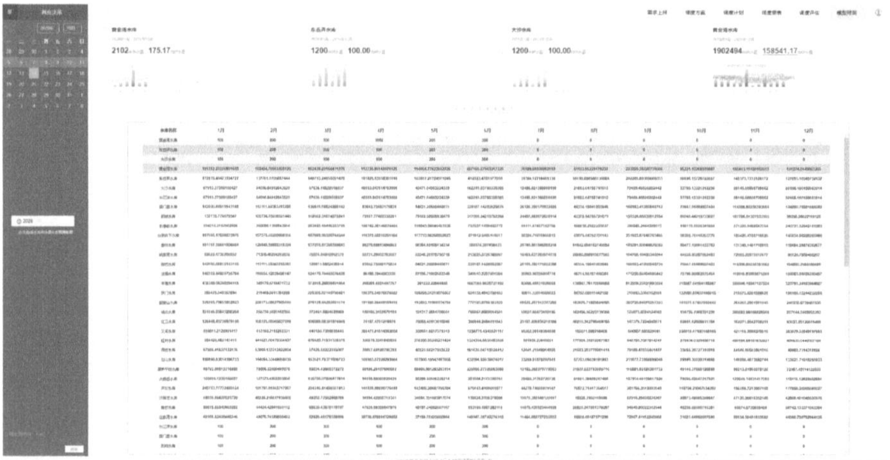

图 10-2　供水量预测系统界面

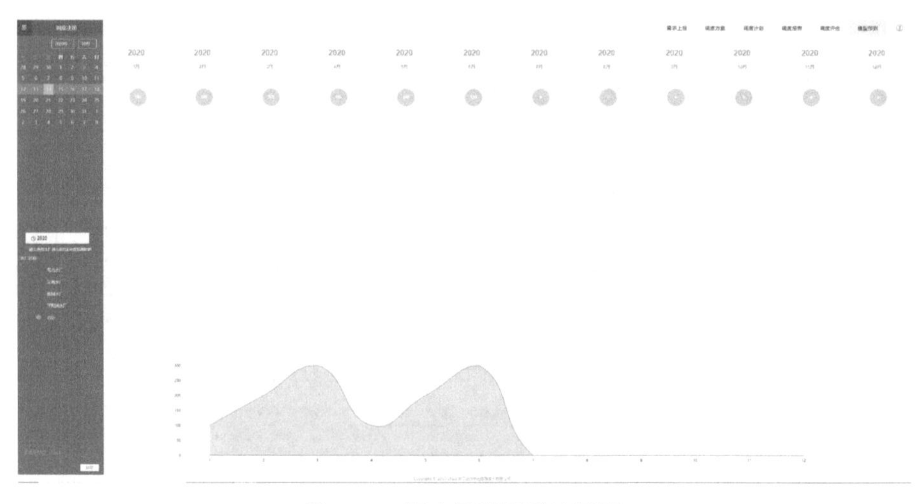

图 10-3　需水量预测系统界面

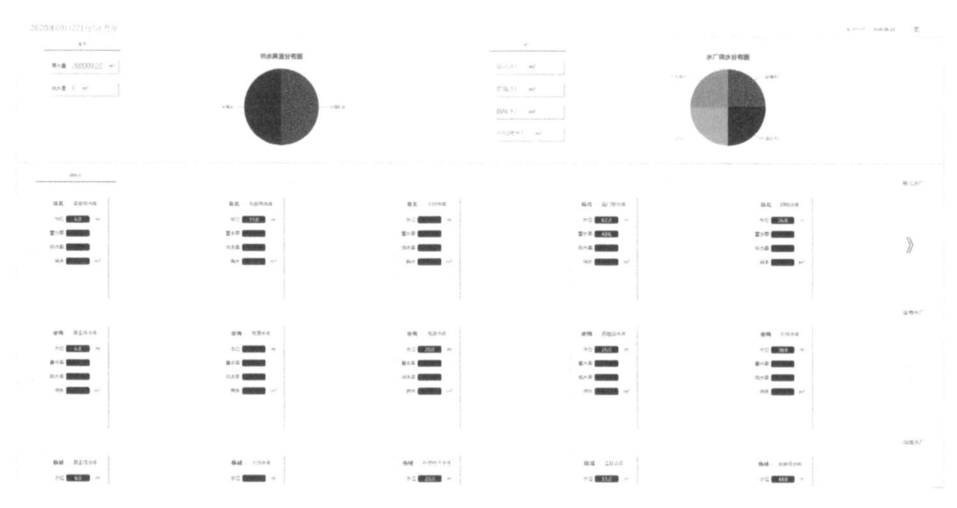

图 10-4　水资源调度日调度系统界面

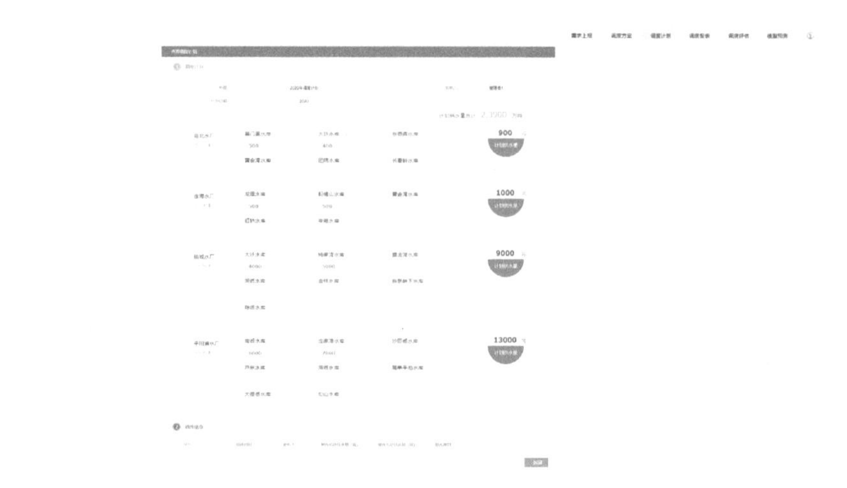

图 10-5　水资源调度年调度系统界面

10.4　系统接口规范说明

在舟山海岛地区水资源智慧调度决策系统中，主要涉及三种主要的数据类型：水库、水厂、河道。因此在完成系统对接时，首先需要对这三类数据完成概化元素代码化。

10.4.1 水库编码

代码位数：十位数

代码内容：XXYYSK000N

代码含义：XX——片区缩写

YY——水库名称前两字母的中文字首字母

SK——水库中文首字母

N——排序序号

各片区水库标号如表 10-1 所示。

表 10-1 各片区水库编码

片区	水库名称	代码
岛北片区（DB）	黄金湾水库	DBHJSK0001
	东岙弄水库	DBDASK0002
	大沙水库	DBDSSK0003
	水江洋水库	DBSJSK0004
	昌门里水库	DBCMSK0005
	团结水库	DBTJSK0006
	长春岭水库	DBCCSK0007
	白泉岭水库	DBBQSK0008
	金林水库	DBJLSK0009
	姚家湾水库	DBYJSK0010
	陈岙水库	DBCASK0011

续表

片区	水库名称	代码
虹桥片区（HQ）	龙潭水库	HQLTSK0012
	岑港水库	HQCGSK0013
	狭门水库	HQXMSK0014
	蚂蟥山水库	HQMHSK0015
	城北水库	HQCBSK0016
	红卫水库	HQHWSK0017
	叉河水库	HQCHSK0018
	虹桥水库	HQHQSK0019
东部片区（DG）	洞岙水库	DGDASK0020
	勾山水库	DGGSSK0021
	平地水库	DGPDSK0022
	大使岙水库	DGDSSK0023
	芦东水库	DGLDSK0024
	沙田岙水库	DGSTSK0025
	南岙水库	DGNASK0026
	应家湾水库	DGYJSK0027

10.4.2 河道编码

代码位数：十位数

代码内容：XXYYRV000N

代码含义：XXYY——河道名称的前四个前缀字母（根据实际进行命名）

RV——河道英文缩写

N——排序序号

各片区河道标号如表 10-2 所示。

表 10-2　各片区河道编码

片区	河道名称	代码
岛北片区	大沙中心河	DSZXRV0001
	大龙下河	DLXHRV0002
	白泉中心河	BQZXRV0003
虹桥片区	紫薇河	ZIWERV0004
东部片区	勾山河	GOSHRV0005
	展茅河	ZHMARV0006
	芦花河	LUHURV0007

10.4.3　水厂编码

代码位数：十位数

代码内容：YYSCXX0000

代码含义：YY——水厂名称的前两个前缀字母

SC——水厂中文缩写

XX0000——填补序列号

各片区水厂编码如表 10-3 所示。

表 10-3　各片区水厂编码汇总

水厂名称	代码
岛北水厂	DBSCXX0000
临城水厂	LCSCXX0000
定海水厂	DHSCXX0000
平阳浦水厂	PYSCXX0000

10.5　系统应用效益分析

本研究在中短期供需水量预报的基础上，充分考虑现有供水工程能力，通过实施水资源优化调度方案和新增水文监测系统，能够有效减少大陆引水，提高舟山水资源、水环境安全及水资源承载能力，其效益分析主要可以分为以下几个方面。

10.5.1　经济效益

水是生物赖以生存和发展的基础，是人类可持续发展的重要自然资源。水资源既是自然资源，又是经济资源。水资源优化调度能够解决舟山海岛地区水资源短缺问题，提高本地水资源利用效率，进而从根本上优化受水区供水条件，改善投资条件，促进舟山地区产业结构调整，带来工农业的发展，保障舟山海岛地区经济持续、快速、健康发展。

（1）减少大陆引水费用

本研究进行了面向日调度和周调度的短期水文预报，开发出短期降雨径流预报模型和估算 1~7d 上游来水量和河道水位；根据历史水厂需水量，结合当地各区域经济规模，对未来各主要水厂需水量进行相应的预测，得到较为精准的水厂需水量数据。预报结果能够保证决策者提前调整岛内水库库容，提高水库储水能力，减少水库弃水。同时，调度方案中增加了小型水库的调度，而这些承载能力较为一般的水库在以往的调度中常常被忽略而造成水资源的流失；并且总结归纳了历史降水—翻水数据，制定了河道翻水的规则，在决策中优化水库翻水供水量，确保舟山本地水资源被充分利用，在需求不变的情况下减少大陆引水量，进而降低成本费用。

（2）降低人员成本

在没有构建调度系统之前，每一个水库的调度需要有经验的专职人员进行把控，有较大的随意性且需要更多的人员进行调配，构建该系统后只要有专门的人员进行软件操作即可完成调度决策，调度相关人员从二十几人减少至几个人，并且调度决策的质量大幅提高，所需时间大幅度缩短。

10.5.2 社会效益

舟山海岛地区水资源系统优化调度决策系统的构建能够有力保障舟山海岛地区水安全，改善水环境、水生态，提升周边人民的幸福感，改善周边的生态环境，促进社会经济持续发展，加速舟山城市化进程提供良好的经济效益，为舟山经济高速发展、为早日实现中国梦贡献力量。

（1）提高供水保证率

方案实施将有助于提高水资源开发利用与经济社会发展之间的协调程度。根据需水预测结论，随着舟山海岛地区社会经济的快速发展，规划水平年各分区将出现不同程度的缺水状况，而本方案实施后，通过可供水量预报、需水量预测、调度方案的优化等措施，可以大大缓解规划水平年的水资源矛盾，提高舟山海岛供水保证率，基本满足各需水单位的用水需求，有力地保障舟山海岛地区社会经济的可持续发展。

（2）增加就业机会，促进社会稳定

舟山海岛地区水资源系统优化调度在很大程度上缓解了当地的就业压力。一些受到限制的工业得到发展，在解决一部分城市人员就业的同时，还吸引大量农村剩余劳动力从农村转移到城市来；因水资源供给增加而能够扩大生产规模的新兴产业将得以发展；由于城市水资源承载力的提高，推动了城市化的进程，也有利于扩大就业。优化调度在增加工业用水和生活用水的同时，把被长期挤占的农业用水、生态用水归还给农业和生态环境，缓解工业挤占农业用水的状况，还将回收的工业用水用于农业灌溉，使农业用水有了保障，有利于增加农民收入，改善农民生活水平，为地区可持续发展提供良好的社会环境。

（3）推动城市化进程

舟山海岛地区水资源系统优化调度能够为地区发展提供充足的水源保障，缓解水资源短缺对经济持续增长和人口容量的制约，改善城市环境，促进城市、农村经济的发展，增加就业量，促进居民收入增长，为城市化的发展提供广阔的空间。水资源得到保障后，进一步促使传统产业向现代产业、农业向非农业的转移，人口从农村向城镇和城市流动，带动相关产业的发展和就业人口的增加，实现农村城镇化的发展。

10.5.3 生态效益

舟山海岛地区水资源系统优化调度在建立水资源优化配置模型的过程中，对于不同水库、不同河道的取水有基本的约束，能够避免河道枯竭，水库水资源告急等状况发生，并能够遏制对农业和生态环境用水的挤占，有助于地表径流和地下水的恢复，有利于维持和改善各种自然生态系统，为统筹人与自然和谐发展、实现生态环境可持续发展创造条件，从而确保人们能享有一系列的生态服务系统，进一步维持各种生态系统健康的能力，为这些地区享受一系列的生态系统服务提供了基本资源条件。这些生态系统也将会产生相应的生态效益，有利于舟山海岛地区的生态环境建设。

10.6 本章小结

本章提出基于数据驱动模型的多时空尺度水文预报和需水量预测方法，以提高少资料地区的预报预测精度，支持水资源联合调度决策。依托大数据、互联网、人工智能等新时代技术手段，设计研发耦合水雨情监测预测、水资源联合优化调度等一体化的智慧管理平台，分析水资源决策系统对舟山海岛地区在社会、经济和生态方面的效益，研究结果能够为水资源调控提供平台技术支持，极大地提升舟山海岛地区水资源管理的效率化、智慧化和信息化水平。

第11章 结论与展望

11.1 结论

本书围绕海岛地区水资源配置面临的关键科学问题及技术难题，以舟山海岛地区为研究对象，在分析舟山海岛地区水资源开发利用现状和存在问题的基础上，提出了基于机器学习和智能优化算法耦合的水资源量预测方法，开展了舟山规则调度和多目标优化调度模型建立和求解分析，针对径流预报的不确定性特征，提出了考虑预报不确定性的复杂水库群联合调度决策生成方法；进一步研究大陆和海岛不同来水条件组合下的水资源优化配置，建立舟山海岛地区水资源智慧调度决策系统，相关研究结果可以为海岛地区水资源高效配置提供理论和技术支持。本书取得的主要结论和成果如下。

1）针对自然—人类双重作用下的水库可供水量变化的非线性和非平稳性问题，构建了基于支持向量机的可供水量自适应滚动多步预测（AR）模型，并通过耦合量子比特理论改进灰狼算法（QGWO）进行了预测模型的参数优化。与传统单目标优化算法进行对比，QGWO针对标准数学测试函数和水库可供水量预测模型参数优化实际案例，收敛速度快且适应度值全局最优结果较高。选择同时包含中高可供水量的时间序列预测结果进行分析和对比，AR模型对高低可供水量模拟效果优于对比模型，研究表明，自适应滚动机制能够实时更新时间序列的动态变化信息，以此提高预报精度。

2）针对舟山海岛地区水文模型模拟预报效果差，基于三种RNN模型（SRNN、LSTM、GRU）对舟山岛25个水库入库径流序列，考虑不同的预报因子（S1，S2，S3），进行了不同预见期的径流预报。对比不同预报因子对舟山岛日径流的预测效果，仅考虑径流时间序列信息（S1）的预报精度最差，同时考虑径流和降雨、蒸发气象信息（S2）较仅考虑径流信息的预报精度更高，而耦合预报气象信息（S3）可进一步提高径流预报准确性。三种RNN模型的性能评价指标在率定期和验证期走势基本一致，证明RNN模型具有较好的泛化能力和稳定性能。对比不同模型在不同预报因子和预见期的预测效果，发现随着输入信息不断增加，SRNN模型的信息融合能力有限，而复杂的神经元结构的LSTM模型和GRU模型模拟效果稳定。对比不同模型在海岛地区不同集水面积水库的预测效果，在采用相同模型参数下，RNN模型对于平稳的时间序列数据模拟效果更好。而耦合气象信息（历史、预报）和参数调整，能够改善RNN模型在处理非平稳时间序列的缺陷。

3）研究通过借鉴专业人员的经验和知识，结合实际情况和历史数据建立一套科学合理的调度规则，在水资源系统概化基础上，开展了基于人工经验的水库群调度规则建立和模拟。针对水厂的不同供水保证率要求（95%、97.5%、100%、102.5%和105%），选择不同模式的实际调度情景作为案例进行了分析，包括常规调度模式和抗旱模式。对比分析了不同情景下的调度决策方案，建立的仿真调度模型可以根据不同的来水条件给出相应的调度方案：常规模式下，舟山主要依靠海岛水资源进行供水，主要供水水库包括长春岭水库（给岛北水厂供水）、白泉岭水库（给临城水厂供水）、虹桥水库（给定海水厂供水）和芦东水库和平地水库（给平阳浦水厂供水）；干旱模式下供水主要依靠大陆水资源，即由黄金湾水库进行供水。结果表明，基于人工经验的调度规则能够充分考虑海岛地区各水库的供水优先级别、水库群联合供水规则、供水方式的区别等，实现了对水库群日常运行的指导和水资源的合理调配。仿真调度模型结果与实际调度经验较为贴合，促进人工调度经验转向数字智能化。

4）基于“分区—分级”优化配置理念，分析了多水源多用水户复杂系统中的水力联系，并以供水保证率最大化、成本支出最小化和水厂余蓄量最小化为目标函数，构建了复杂水工程群多目标优化配置模型，并应用于浙江舟山海岛地区的水资源优化配置。2016年实例表明，提出的海岛地区水资源优化配置模型可有效提高海岛水资源的利用效率，协调优化海岛与大陆水资源之间的关系，通过降低水厂余蓄量以提升水库供水的有效性，最大限度提高供水保证率，同时降低供水过程中的成本支出。基于“分区—分级”配置理念建立的复杂水工程群多目标优化配置模型可以在不同来水情况下做出合理响应，在丰水年、平水年和枯水年三种不同典型年来水条件下，优化调度方案可以充分利用海岛水资源，海岛的供水比例平均为 85.46%、77.16% 和 61.67%，通过不断调整海岛和大陆水资源的比例，在满足供水保证率的情况下尽可能降低成本，实现经济效益的提升。

5）针对基于多种机器学习模型导致的水库群径流预报不确定性，以舟山海岛水库群作为研究对象，从基于多模型多因子的多源径流预报、提出考虑预报不确定性的复杂水库群调度决策生成方法、定量揭示预报精度和预见期对调度决策的影响机制这三方面开展了供水水库群实时优化调度研究。首先通过对数据序列设置率定期、验证期和测试期，避免机器学习模型尤其是 LSSVM 模型出现过拟合现象，确保三种模型具有较好的泛化能力和稳定的预报性能。研究结果中对于预见期 7d，考虑气象预报因子在内的预测径流序列可以较好地覆盖实测径流，说明耦合预报气象信息可以提高预报准确性；提出的考虑不确定性预报径流的 MORDM-DPS 调度决策方法无论在净成本、供水保证率均优于仅考虑实测径流和确定性径流预报方法，说明基于不确定性预报的联合优化调度可提高指导舟山水库群供水决策。

6）当遭遇大陆与海岛同时处于枯水状态时，研究如何通过优化大陆、海岛的供水结构，有利于提高水资源高效利用率。首先确定了大陆地区和海岛地区各自径流量的边缘分布函数，基于 Copula 函数建立了联合分布并进行丰枯遭遇分析，分别模拟了大陆地区和海岛地区不同来水条件组合；其次，以“特枯—特枯”遭遇情景和“枯—枯”遭遇情景作为典型案例进行了分析，即在不同的来水条件下，利用多水源、多用水户、多目标的水资源优化配置模型进行计算求解，优化之后得到供水方案，并对供水方案展开分析。结果显示，在“特枯—特枯”情景下，大陆一年内有近一半的时间无法向海岛供水，但从全年的供水保证率数据分析可知，可通过对年内 12 个月的水资源的优化调配，实现较高的供水保证率。相较于遭遇“特枯—特枯”情景，遭遇“枯—枯”情景下由于在没有达到非常干旱程度之前，可以通过适当提高大陆引水的供水比例，以保护海岛水资源，预防未来可能发生的持续性干旱，供水成本处于更高水平。但是在面临极度干旱的情况下，即遭遇“特枯—特枯”时，需要同时调动海岛和大陆的水资源进行供水，以保障海岛地区的用水。

7）提出了基于数据驱动模型的多时空尺度水文预报和需水量预测手段，

提高少资料地区的预报预测精度，支持水资源联合调度决策。依托大数据、互联网、人工智能等新时代技术手段，设计研发耦合水雨情监测预测，水资源联合优化调度等一体化的智慧管理平台，分析水资源决策系统对舟山海岛地区在社会、经济和生态方面的效益，研究结果能够为水资源调控提供平台技术支持，极大地提升舟山海岛地区水资源管理的效率、智慧化和信息化水平。

11.2 展 望

本书首次提出海岛地区水资源优化配置的理论和关键技术，并以舟山海岛跨流域引水供水水库群作为研究对象验证分析研究方法的有效性，研究成果对完善海岛地区水库群引水和供水调度理论、提高海岛地区跨流域引水工程调度水平均有很高的价值。由于自身理论水平、资料收集等因素所限，本书仍存在以下几个问题尚需改进。

1）本书在水资源优化配置时主要侧重于社会及经济效益评价，但由于没有收集到生态环境需水影响因素数据而无法完成生态评价部分，虽然最后能够提出针对所有可能发展模式最合理的配置管理方案，但缺少生态综合效益的评价，使本次分析结果的实用性受限。因此在后续对研究区域的研究工作中，对生态效益进行充分考虑是十分必要的工作。

2）本书欠缺对需水预测的研究，尤其是仅在水资源调度决策系统中，采用时间序列数据进行需水量预测，从历史数据中寻找规律对需水量进行预测，尚不能对可能影响需水量预测结果的节水等因素进行全方位的分析，今后有必要对节水影响因素做进一步的研究和探讨。

3）本书主要集中于水资源优化配置的理论和方法，对配置结果的评价有些许欠缺，今后可考虑以配置结果为基础，从水资源承载力、水资源安全状况或用水结构的均衡性等方面验证配置结果的合理性。

参考文献

[1] 齐泓玮，尚松浩，李江．中国水资源空间不均匀性定量评价 [J]. 水力发电学报，2020, 39（6）: 28-38.

[2] 孙冬营，王慧敏，王圣．社会选择理论在流域跨界水资源配置冲突决策问题中的应用 [J]. 中国人口 · 资源与环境，2017, 27（5）: 37-44.

[3] 魏婧，郑雄伟，马海波．海岛地区水资源短缺解决方案比较研究：以舟山群岛为例 [J]. 中国农村水利水电，2016,（6）: 54-57，63.

[4] 吴泽华．海岛雨洪资源高效利用技术系统研究 [J]. 中国农村水利水电，2020,（07）: 20-25.

[5] 何静，吕爱锋，张文翔．气候变化背景下滇中引水工程水源区与受水区降水丰枯遭遇分析 [J]. 南水北调与水利科技（中英文），2022, 20（6）: 1097-1108.

[6] 魏婧，郑雄伟，马海波，等．调蓄水库在舟山市大陆引水工程中的作用与规模探讨 [J]. 浙江水利科技，2017, 45（5）: 4.

[7] 蒋文航．基于多源信息的水库群多目标调度研究 [D]. 大连：大连理工大学，2019.

[8] 邵伟才，郑雄伟，娄潇聪，等．舟山群岛新区多源供水模式研究 [J]. 水利水电技术，2016, 47（1）: 17-20.

[9] Masse P. Lesre servesetlare gulationdel avenirdansla viee conomique. I:Avenirde termine [M].Pairs: Hermann &Cie, Publishers, 1946.

[10] Hall W A, Buras N. The dynamic programming approach to water-resources development[J]. Journal of Geophysical Research, 1961, 66（2）: 517-520.

[11] 郝永怀，杨侃，周冉，等．三峡梯级短期优化调度大系统分解协调法的应用 [J]. 河海大学学报（自然科学版），2012, 40（1）: 70-75.

[12] Sharif M, Wardlaw R. Multireservoir systems optimization using genetic algorithms: Case study[J]. Journal of Computing in Civil Engineering, 2000, 14（4）: 255-263.

[13] 方国华，林泽昕，付晓敏，等．梯级水库生态调度多目标混合蛙跳差分算法研究 [J]. 水资源与水工程学报，2017, 28（1）: 72-76, 83.

[14] Abdulbaki D, Al-Hindi M, Yassine A, et al. An optimization model for the allocation of water resources[J]. Journal of Cleaner Production, 2017, 164: 994-1006.

[15] Zhang C, Li Y, Chu J, et al. Use of many-objective visual analytics to analyze water supply objective trade-offs with water transfer[J]. Journal of Water Resources Planning and Management, 2017, 143（8）: 1-11.

[16] Dai C, Qin X S, Chen Y, et al. Dealing with equality and benefit for water allocation in a lake watershed: A Gini-coefficient based stochastic optimization approach[J]. Journal of Hydrology, 2018, 561: 322-334.

[17] Martinsen G, Liu S, Mo X, et al. Joint optimization of water allocation and water quality management in Haihe River basin[J]. Science of the Total Environment, 2019, 654: 72-84.

[18] Yu S, Lu H. An integrated model of water resources optimization allocation based on projection pursuit model-Grey wolf optimization method in a transboundary river basin[J]. Journal of Hydrology, 2018, 559: 156-165.

[19] 郭玉雪，张劲松，郑在洲，等．南水北调东线工程江苏段多目标优化调度研究 [J]. 水利学报，2018, 49（11）: 1313-1327.

[20] Khosrojerdi T, Moosavirad S H, Ariafar S, et al. Optimal allocation of water resources using a two-stage stochastic programming method with interval and fuzzy parameters[J]. Natural Resources Research, 2019, 28: 1107-1124.

[21] Harken B, Chang C F, Dietrich P, et al. Hydrogeological modeling and water resources management: Improving the link between data, prediction, and decision making[J]. Water Resources Research, 2019, 55（12）: 10340-10357.

[22] 骆光磊，周建中，赵云发，等．水库群运行的改进深度神经网络模拟方法 [J]. 水力发电学报，2020, 39（9）: 23-32.

[23] 谭倩，缑天宇，张田媛，等．基于鲁棒规划方法的农业水资源多目标

优化配置模型 [J]. 水利学报 , 2020, 51（1）: 56-68.

[24] 王浩 , 王旭 , 雷晓辉 , 等 . 梯级水库群联合调度关键技术发展历程与展望 [J]. 水利学报 , 2019, 50（1）: 25-37.

[25] Fu Q, Zhao K, Liu D, et al. Two-stage interval-parameter stochastic programming model based on adaptive water resource management[J]. Water Resources Management, 2016, 30: 2097-2109.

[26] 方国华 , 丁紫玉 , 黄显峰 , 等 . 考虑河流生态保护的水电站水库优化调度研究 [J]. 水力发电学报 , 2018, 37（7）: 1-9.

[27] 马昱斐 , 钟平安 , 徐斌 , 等 . 基于全微分法的多主体梯级水电站群联合调度增益归因及分配 [J]. 水利学报 , 2019, 50（7）: 881-893.

[28] 李伶杰 , 王银堂 , 胡庆芳 , 等 . 基于时变权重组合与贝叶斯修正的中长期径流预报 [J]. 地理科学进展 , 2020, 39（4）: 643-650.

[29] 丁公博 , 农振学 , 王超 , 等 . 基于 MI-PCA 与 BP 神经网络的石羊河流域中长期径流预报 [J]. 中国农村水利水电 , 2019,（10）: 66-69.

[30] Tikhamarine Y, Souag-Gamane D, Ahmed A N, et al. Improving artificial intelligence models accuracy for monthly streamflow forecasting using grey Wolf optimization（GWO）algorithm[J]. Journal of Hydrology, 2020, 582: 124435.

[31] 马超 , 崔喜艳 . 水库月平均流量滚动预报及其不确定性研究 [J]. 水力发电学报 , 2018, 37（2）: 59-67.

[32] 刘佩瑶 , 郝振纯 , 王国庆 , 等 . 新安江模型和改进 BP 神经网络模型在闽江水文预报中的应用 [J]. 水资源与水工程学报 , 2017, 28（1）: 40-44.

[33] Cheng M, Fang F, Kinouchi T, et al. Long lead-time daily and monthly streamflow forecasting using machine learning methods[J]. Journal of Hydrology, 2020, 590: 125376.

[34] 王瑞荣 , 薛楚 , 陈浩龙 . 基于混沌优化 BP 神经网络的江河涌潮短期预报模型 [J]. 水力发电学报 , 2016, 35（4）: 80-88.

[35] Luo X, Yuan X, Zhu S, et al. A hybrid support vector regression framework for streamflow forecast[J]. Journal of Hydrology, 2019, 568: 184-193.

[36] Barzegar R, Ghasri M, Qi Z, et al. Using bootstrap ELM and LSSVM models to estimate river ice thickness in the Mackenzie River Basin in the Northwest Territories, Canada[J]. Journal of Hydrology, 2019, 577: 123903.

[37] 王战平，沈冰，吕继强．基于多重演化模式重构的水文预报模型及应用 [J]. 水资源与水工程学报，2016, 27（1）: 108-113.

[38] Hsu K, Gupta H V, Sorooshian S. Application of a recurrent neural network to rainfall-runoff modeling[C] //Aesthetics in the Constructed Environment. ASCE, 1997: 68-73.

[39] Hochreiter S, Schmidhuber J. Long short-term memory[J]. Neural Computation, 1997, 9（8）: 1735-1780.

[40] Cho K, Van Merriënboer B, Gulcehre C, et al. Learning phrase representations using RNN encoder-decoder for statistical machine translation[J]. Compnter Science, 2014: 1-15.

[41] Kratzert F, Klotz D, Brenner C, et al. Rainfall–runoff modelling using long short-term memory（LSTM）networks[J]. Hydrology and Earth System Sciences, 2018, 22（11）: 6005-6022.

[42] 顾逸．基于长短期记忆循环神经网络及其结构约减变体的中长期径流预报研究 [D]. 武汉：华中科技大学，2018.

[43] 殷兆凯，廖卫红，王若佳，等．基于长短时记忆神经网络（LSTM）的降雨径流模拟及预报 [J]. 南水北调与水利科技，2019, 17（6）: 1-9, 27.

[44] Zuo G, Luo J, Wang N, et al. Decomposition ensemble model based on variational mode decomposition and long short-term memory for streamflow forecasting[J]. Journal of Hydrology, 2020, 585: 124776.

[45] Gao S, Huang Y, Zhang S, et al. Short-term runoff prediction with GRU and LSTM networks without requiring time step optimization during sample generation[J]. Journal of Hydrology, 2020, 589: 125188.

[46] 徐源浩，邬强，李常青，等．基于长短时记忆（LSTM）神经网络的黄河中游洪水过程模拟及预报 [J]. 北京师范大学学报（自然科学版），2020, 56（3）: 387-393.

[47] Gibbs M S, McInerney D, Humphrey G, et al. State updating and calibration period selection to improve dynamic monthly streamflow forecasts

for an environmental flow management application[J]. Hydrology and Earth System Sciences, 2018, 22（1）: 871-887.

[48] Sharma S, Khadka N, Hamal K, et al. How accurately can satellite products（TMPA and IMERG）detect precipitation patterns, extremities, and drought across the Nepalese Himalaya?[J]. Earth and Space Science, 2020, 7(8): e2020EA001315.

[49] Feng D, Fang K, Shen C. Enhancing streamflow forecast and extracting insights using long short-term memory networks with data integration at continental scales[J]. Water Resources Research, 2020, 56（9）: e2019WR026793.

[50] Pechlivanidis I G, Crochemore L, Rosberg J, et al. What are the key drivers controlling the quality of seasonal streamflow forecasts?[J]. Water Resources Research, 2020, 56（6）: e2019WR026987.

[51] Goddard L, Aitchellouche Y, Baethgen W, et al. Providing seasonal-to-interannual climate information for risk management and decision-making[J]. Procedia Environmental Sciences, 2010, 1: 81-101.

[52] Shamir E. The value and skill of seasonal forecasts for water resources management in the Upper Santa Cruz River basin, southern Arizona[J]. Journal of Arid Environments, 2017, 137: 35-45.

[53] Anghileri D, Monhart S, Zhou C, et al. The value of subseasonal hydrometeorological forecasts to hydropower operations: How much does preprocessing matter?[J]. Water Resources Research, 2019, 55（12）: 10159-10178.

[54] Alexander S, Yang G, Addisu G, et al. Forecast-informed reservoir operations to guide hydropower and agriculture allocations in the Blue Nile basin, Ethiopia[J]. International Journal of Water Resources Development, 2021, 37（2）: 208-233.

[55] Hadi S J, Tombul M, Salih S Q, et al. The capacity of the hybridizing wavelet transformation approach with data-driven models for modeling monthly-scale streamflow[J]. IEEE Access, 2020, 8: 101993-102006.

[56] Anghileri D, Voisin N, Castelletti A, et al. Value of long-term

streamflow forecasts to reservoir operations for water supply in snow-dominated river catchments[J]. Water Resources Research, 2016, 52（6）: 4209-4225.

[57] Chiew F H S, Zhou S L, McMahon T A. Use of seasonal streamflow forecasts in water resources management[J]. Journal of Hydrology, 2003, 270（1-2）: 135-144.

[58] Turner S W D, Bennett J C, Robertson D E, et al. Complex relationship between seasonal streamflow forecast skill and value in reservoir operations[J]. Hydrology and Earth System Sciences, 2017, 21（9）: 4841-4859.

[59] Maurer E P, Lettenmaier D P. Potential effects of long-lead hydrologic predictability on Missouri River main-stem reservoirs[J]. Journal of Climate, 2004, 17（1）: 174-186.

[60] Denaro S, Anghileri D, Giuliani M, et al. Informing the operations of water reservoirs over multiple temporal scales by direct use of hydro-meteorological data[J]. Advances in Water Resources, 2017, 103: 51-63.

[61] Zhao Q, Cai X, Li Y. Determining inflow forecast horizon for reservoir operation[J]. Water Resources Research, 2019, 55（5）: 4066-4081.

[62] Xu W, Zhang C, Peng Y, et al. A two stage Bayesian stochastic optimization model for cascaded hydropower systems considering varying uncertainty of flow forecasts[J]. Water Resources Research, 2014, 50（12）: 9267-9286.

[63] Dickinson J P. Some statistical results in the combination of forecasts[J]. Journal of the Operational Research Society, 1973, 24: 253-260.

[64] Roulston M S, Smith L A. Combining dynamical and statistical ensembles[J]. Tellus A: Dynamic Meteorology and Oceanography, 2003, 55（1）: 16-30.

[65] Boucher M A, Tremblay D, Delorme L, et al. Hydro-economic assessment of hydrological forecasting systems[J]. Journal of Hydrology, 2012, 416: 133-144.

[66] Hoeting J A, Madigan D, Raftery A E, et al. Bayesian model averaging[C]//Proceedings of the AAAI workshop on integrating multiple learned models. 1998, 335: 77-83.

[67] Sharif M, Wardlaw R. Multireservoir systems optimization using genetic algorithms: case study[J]. Journal of Computing in Civil Engineering, 2000, 14（4）: 255-263.

[68] 王少波，解建仓，孔珂．自适应遗传算法在水库优化调度中的应用[J]. 水利学报，2006, 37（4）: 6.

[69] 李荣波，纪昌明，孙平，等．基于改进混合蛙跳算法的梯级水库优化调度 [J]. 长江科学院院报，2018, 35（6）: 30-35.

[70] 纪昌明，刘方，彭杨，等．基于鲶鱼效应粒子群算法的水库水沙调度模型研究 [J]. 水力发电学报，2013, 32（1）: 70-76.

[71] Zimmermann H J. Fuzzy programming and linear programming with several objective functions[J]. Fuzzy Sets and Systems, 1978, 1（1）: 45-55.

[72] Ren C, Guo P, Tan Q, et al. A multi-objective fuzzy programming model for optimal use of irrigation water and land resources under uncertainty in Gansu Province, China[J]. Journal of Cleaner Production, 2017, 164: 85-94.

[73] Pishvaee M S, Razmi J. Environmental supply chain network design using multi-objective fuzzy mathematical programming[J]. Applied Mathematical Modelling, 2012, 36（8）: 3433-3446.

[74] 栗然，周鸿鹄，刘健，等．考虑风电不确定性的互联电力系统鲁棒经济调度 [J]. 现代电力，2016, 33（4）: 15-22.

[75] 高莹．金融系统鲁棒优化问题研究 [D]. 沈阳：东北大学，2007.

[76] 张萍．不确定条件下供应链鲁棒优化模型及算法研究 [D]. 武汉：华中科技大学，2011.

[77] Srinivas N, Deb K. Multi-Objective function optimization using non-dominated sorting genetic algorithms[J]. Evlutionary Computation.1995:221-248.

[78] Deb K, Pratap A, Agarwal S, et al. A fast and elitist multi-objective genetic algorithm: NSGAII[J]. IEEE Transactions on Evolutionary Computation, 2002, 6

[79] Zhang K, Chen M, Xu X, et al. Multi-objective evolution strategy for multimodal multi-objective optimization[J]. Applied Soft Computing, 2021, 101: 107004.

[80] Zitzler E, Künzi S. Indicator-Based Selection in Multiobjective Search[C]//Berlin, Heidelberg:Springer Berlin Heidelberg,2004:832-842.

[81] Mirjalili S, Mirjalili S M, Lewis A. Grey Wolf Optimizer[J]. Advances in Engineering Software, 2014, 69: 46-61.

[82] Guo Y, Xu Y-P, Xie J, et al. A weights combined model for middle and long-term streamflow forecasts and its value to hydropower maximization[J]. Journal of Hydrology, 2021, 602: 126794.

[83] 黄显峰，黄雪晴，方国华，等. 基于 GA-AHP 和物元分析法的水库除险加固效益评价 [J]. 水电能源科学，2016, 34（10）: 5.

[84] 王明年，郭晓晗，倪光斌，等. 基于 AHP- 熵权法的铁路隧道单双洞选型决策研究 [J]. 铁道工程学报，2019, 36（11）: 51-56.

[85] 李刚，李建平，孙晓蕾，等. 主客观权重的组合方式及其合理性研究 [J]. 管理评论，2017, 29（12）: 17-26, 61.

[86] 大陆引水三期工程可行性研究报告 [R]. 杭州：浙江省水利水电勘测设计院. 2015.

[87] 董磊华，熊立华，万民. 基于贝叶斯模型加权平均方法的水文模型不确定性分析 [J]. 水利学报，2011, 42（9）: 1065-1074.

[88] 罗军刚，张晓，解建仓. 基于量子多目标粒子群优化算法的水库防洪调度 [J]. 水力发电学报，2013, 32（6）: 69-75.

[89] Wang Y, Cai P, Lu G. Cooperative autonomous traffic organization method for connected automated vehicles in multi-intersection road networks[J]. Transportation Research Part C-Emerging Technologies, 2020, 111: 458-476.

[90] Mousavi S, Afghah F, Ashdown J D, et al. Use of a quantum genetic algorithm for coalition formation in large-scale UAV networks[J]. Ad Hoc Networks, 2019, 87: 26-36.

[91] Xiao J, Yan Y, Zhang J, et al. A quantum-inspired genetic algorithm for *k*-means clustering[J]. Expert Systems with Applications, 2010, 37（7）: 4966-4973.

[92] Cortes C, Vapnik V. Support-Vector Networks[J]. Machine Learning, 1995, 20（3）: 273-297.

[93] Suykens J A, Vandewalle J. Least squares support vector machine

classifiers[J]. Neural processing letters, 1999, 9: 293-300.

[94] 王向飞，时秀梅，孙旭．水资源规划及利用 [M]. 北京：中国华侨出版社 :211.

[95] 王梅梅．新发展理念下水资源优化配置绩效评价指标体系的构建 [J]. 水利经济，2022, 40（2）: 38-45, 88.

[96] 许红燕，黄志珍．舟山市水资源分析评价 [J]. 水文，2014, 34（3）: 87-91.

[97] 于欣廷，郭玉雪，许月萍．考虑大陆引水的海岛地区复杂水工程群多目标优化配置研究 [J]. 中国农村水利水电，2022,（2）: 190-198.

[98] 刘东，黄强，杨元园，等．基于改进 NSGA- Ⅱ算法的水库双目标优化调度 [J]. 西安理工大学学报，2020, 36（2）: 176-181, 213.

[99] 王丽萍，阎晓冉，马皓宇，等．基于结构方程模型的水库多目标互馈关系研究 [J]. 水力发电学报，2019, 38（10）: 47-58.

[100] 郭毅．基于供需预测的郁江流域水资源优化配置研究 [D]. 武汉：华中科技大学，2019.

[101] Xiong L, Wan M I N, Wei X, et al. Indices for assessing the prediction bounds of hydrological models and application by generalised likelihood uncertainty estimation [J]. Hydrological Sciences Journal, 2009, 54（5）: 852-871.

[102] Raftery A E, Gneiting T, Balabdaoui F, et al. Using Bayesian model averaging to calibrate forecast ensembles[J]. Monthly Weather Review, 2005, 133（5）: 1155-1174.

[103] Deb K, Gupta H. Introducing robustness in multi-objective optimization[J]. Evolutionary Computation, 2006, 14（4）: 463-494.

[104] Sklar, A. Fonctions de Repartition a n Dimensions et Leurs Marges [J]. Publications de l' Institut de statistique de l' Université de Paris, 1959, 8.

[105] 许月萍，张庆庆，楼章华，等．基于 Copula 方法的干旱历时和烈度的联合概率分析 [J]. 天津大学学报，2010, 43（10）: 928-932.

[106] 黄星．新疆和田河年径流丰枯遭遇研究 [D]. 石河子：石河子大学，2021.

[107] 张赵毅 , 何艳虎 , 林柱良 , 等 . 基于 Copula 函数的珠江三角洲上游来水丰枯遭遇分析 [J]. 人民珠江 , 2021, 42（12）: 30-41.

[108] Nelsen R B . Methods of Constructing Copulas. In: An Introduction to Copulas [M].New York:Springer，2006.

[109] 韩晓庆 . Copula 函数的理论及其应用 [D]. 温州：温州大学 , 2013.

[110] 段小兰 , 郝振纯 . Copula 函数在水文应用中的研究进展 [C]// 首届中国原水论坛 . 中国浙江宁波 , 2010:122-125.

[111] 陈晶 , 顾世祥 , 陈金明 . 基于 Gumbel Copula 函数的滇中高原湖泊区湿度变化 [J]. 水电能源科学 , 2020, 38（2）: 26-30.

[112] 郭爱军 , 黄强 , 畅建霞 , 等 . 基于 Copula 函数的泾河流域水沙关系演变特征分析 [J]. 自然资源学报 , 2015, 30（4）: 673-683.

[113] 刘文霞 , 何向刚 , 钟以林 , 等 . 基于 Copula 函数的风电场风速建模分析 [J]. 现代电力 , 2016, 33（2）: 70-76.

[114] 熊丰 , 郭生练 , 陈柯兵 , 等 . 金沙江下游梯级水库运行期设计洪水及汛控水位 [J]. 水科学进展 , 2019, 30（3）: 401-410.

[115] 崔刚 , 韩曦 . 基于 Copula 理论的甘肃省干旱特征分析 [J]. 人民黄河 , 2015, 37（11）: 77-80.

[116] 张昶 . 基于 Copula 函数的两变量月径流随机模拟 [D]. 扬州：扬州大学 , 2020.

[117] 武兰婷 , 何士华 , 朱剑军 , 等 . 季节性自回归模型适用性分析 [J]. 中国农村水利水电 , 2014, 386（12）: 17-19, 23.

[118] 张倩 . 基于 Copula 函数的黄河中下游干支流多库来水丰枯遭遇分析 [D]. 郑州：郑州大学 , 2019.

[119] 唐家银 , 何平 . 基于 Copula 对随机变量间相依性的度量 [J]. 江汉大学学报（自然科学版）, 2006, 34（4）: 5-9.

[120] 张辉 , 刘嘉焜 , 柳湘月 , 等 . 交通流的季节 ARIMA 模型与预报 [J]. 天津大学学报 , 2005, 38（9）: 838-841.